高等职

U0590247

工程数学

GONGCHENG SHUXUE

主　编　王　洋
副主编　潘　蕊　薛　菲
　　　　喻无瑕　霍旻旻

新形态
教材

中国教育出版传媒集团
高等教育出版社·北京

内容提要

本书是高等职业教育教学用书.

本书共分为12章,内容包括行列式、矩阵及其运算、矩阵的初等变换与线性方程组、线性代数应用案例、随机事件及其概率、随机变量及其分布、总体估计、概率统计应用案例、级数的概念、傅里叶级数、拉普拉斯变换、级数与拉普拉斯变换应用案例.

本书可作为高等职业院校的数学教材,也可作为相关人员的自学参考书.

图书在版编目(CIP)数据

工程数学/王洋主编.—北京:高等教育出版社,2023.3

ISBN 978-7-04-056816-5

Ⅰ.①工… Ⅱ.①王… Ⅲ.①工程数学-高等职业教育-教材 Ⅳ.①TB11

中国版本图书馆CIP数据核字(2021)第201081号

策划编辑 万宝春 责任编辑 张尕琳 万宝春 封面设计 张文豪 责任印制 高忠富

出版发行	高等教育出版社	网 址	http://www.hep.edu.cn
社 址	北京市西城区德外大街4号		http://www.hep.com.cn
邮政编码	100120	网上订购	http://www.hepmall.com.cn
印 刷	上海当纳利印刷有限公司		http://www.hepmall.com
开 本	787 mm×1092 mm 1/16		http://www.hepmall.cn
印 张	14		
字 数	298千字	版 次	2023年3月第1版
购书热线	010-58581118	印 次	2023年3月第1次印刷
咨询电话	400-810-0598	定 价	35.00元

本书如有缺页、倒页、脱页等质量问题,请到所购图书销售部门联系调换

物 料 号 56816-00

配套学习资源及教学服务指南

二维码链接资源

本书配套知识拓展等学习资源，在书中以二维码链接形式呈现。手机扫描书中的二维码进行查看，随时随地获取学习内容，享受学习新体验。

打开书中附有二维码的页面　　扫描二维码　　查看相应资源

教师教学资源索取

本书配有课程相关的教学资源，例如，教学课件、习题及参考答案、应用案例等。选用教材的教师，可扫描以下二维码，关注微信公众号“高职智能制造教学研究”，点击“教学服务”中的“资源下载”，或电脑端访问地址（101.35.126.6），注册认证后下载相关资源。

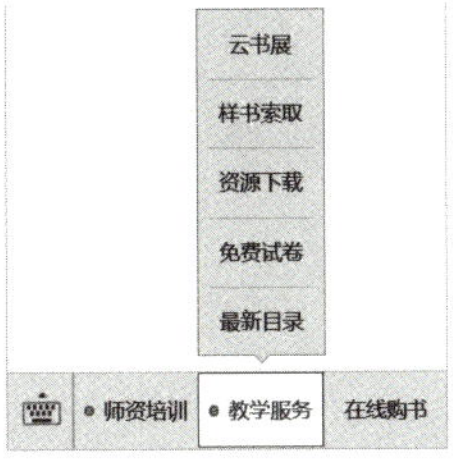

★如您有任何问题，可加入工科类教学研究中心QQ群：243777153。

前　言

工程数学作为高等职业院校工科类专业的一门重要的基础理论课，不仅可以培养学生的逻辑思维能力、分析问题和解决问题的能力，而且可以优化知识结构、提高学生素质，为后续专业课的学习打下坚实的数学理论基础.本着以应用为目的、以够用为原则，以服务专业发展、培养学生综合素质为指导思想，结合职业教育的实际情况和发展需要，我们编写了本书.

本书编写着力体现以下特色：

1. 从专业需要出发，立足应用

本书按照三个学习模块进行编写，包含了线性代数、概率统计、级数与拉普拉斯变换的内容，不同的专业可以根据专业需求选择性学习.同时，本书以数学基本内容为主线，把数学知识和专业有机结合，用数学知识进行分析研究、计算求解，体现了数学知识在工科类专业中的应用.

2. 融入思政元素

教育是国之大计、党之大计.培养什么人、怎样培养人、为谁培养人是教育的根本问题.育人的根本在于立德，本书编写全面贯彻党的教育方针和二十大精神，在案例教学中遴选并融入与本课程相关度高、结合紧密的思政元素，落实立德树人的根本任务. 例如，通过拓展阅读二维码资源，让学生了解著名数学家的故事以及相关数学史，有助于学生了解数学的发生和发展，以及古今数学家的生平和数学成就；有助于学生感受前辈大师严谨治学、锲而不舍的探索精神；有助于培养学生学习兴趣，开阔其视野，使学生更深刻体会数学对人类文明发展的作用.

3. 借助数学软件，融入数学建模

利用数学软件 MATLAB 作为本课程学习软件，将数学知识与简单数学建模方法和数学实验相结合，组织教学内容，从而使教材简单化、实用化，可操作性强.

本书的主要内容包括：行列式、矩阵及其运算、矩阵的初等变换与线性方程组、线性代数应用案例、随机事件及其概率、随机变量及其分布、总体估计、概率统计应用案例、级数的概念、傅里叶级数、拉普拉斯变换、级数与拉普拉斯变换应用案例.本书配套有试题库与相关教学资源，包含课程的全部电子教案、教学 PPT 课件、微视频、习题的详细解答.

本书由四川交通职业技术学院王洋担任主编，潘蕊、薛菲、喻无瑕、霍旻旻担任副主编，全书的统稿由王洋完成.

由于编者的水平有限，时间仓促，书中难免存在不足之处，敬请读者提出宝贵的意见和建议.

编　者

2023 年 1 月

目　　录

第一章

行列式

行列式是一种常用的数学工具,也是代数学中必不可少的基本概念,在数学和其他应用科学以及工程技术中有着广泛的应用.本章主要介绍行列式的概念、性质和计算方法.

第一节　二阶与三阶行列式

知识引入

在学习这一节前，先来回忆在初等数学中二元线性方程组有唯一解的讨论.

二元线性方程组

$$\begin{cases} a_{11}x_1+a_{12}x_2=b_1, \\ a_{21}x_1+a_{22}x_2=b_2, \end{cases} \tag{1-1}$$

由消元法，得

$$(a_{11}a_{22}-a_{12}a_{21})x_1=b_1a_{22}-a_{12}b_2,$$
$$(a_{11}a_{22}-a_{12}a_{21})x_2=a_{11}b_2-b_1a_{21},$$

当 $a_{11}a_{22}-a_{12}a_{21}\neq 0$ 时，该方程组有唯一解

$$x_1=\frac{b_1a_{22}-a_{12}b_2}{a_{11}a_{22}-a_{12}a_{21}},\quad x_2=\frac{a_{11}b_2-b_1a_{21}}{a_{11}a_{22}-a_{12}a_{21}},$$

因此，求解公式为

$$\begin{cases} x_1=\dfrac{b_1a_{22}-a_{12}b_2}{a_{11}a_{22}-a_{12}a_{21}}, \\ x_2=\dfrac{a_{11}b_2-b_1a_{21}}{a_{11}a_{22}-a_{12}a_{21}}. \end{cases} \tag{1-2}$$

请观察，上述求解公式有何特点？

知识准备

一、二阶行列式

根据观察，得出以下结论.

(1) (1-2)式中的分母相同，由方程组(1-1)的四个系数确定；

(2) (1-2)式中的分子、分母都是由四个系数分成两对相乘再相减而得.

现在把这四个系数按它们在方程组(1-1)中的位置,排成二行二列(横排称**行**,竖排称**列**)的数表

$$\begin{matrix} a_{11} & a_{12} \\ a_{21} & a_{22}. \end{matrix} \tag{1-3}$$

表达式 $a_{11}a_{22}-a_{12}a_{21}$ 称为由该数表所确定的**二阶行列式**,即

$$D=\begin{vmatrix} a_{11} & a_{12} \\ a_{21} & a_{22} \end{vmatrix}=a_{11}a_{22}-a_{12}a_{21}. \tag{1-4}$$

数 $a_{ij}(i=1,\ 2;\ j=1,\ 2)$称为行列式(1-4)的**元素**.其中,$i$ 为**行标**,表明元素位于第 i 行;j 为**列标**,表明元素位于第 j 列.

上述二阶行列式的定义,可用对角线法则来记忆.如图 1-1 所示,把 a_{11} 到 a_{22} 的实联线称为**主对角线**,a_{12} 到 a_{21} 的虚联线称为**副对角线**,于是二阶行列式便是主对角线上两元素之积减去副对角线上两元素之积所得的差.

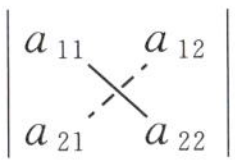

图 1-1

利用二阶行列式的概念,(1-2)式中 x_1、x_2 的求解公式也可写成二阶行列式的形式,即

$$D=\begin{vmatrix} a_{11} & a_{12} \\ a_{21} & a_{22} \end{vmatrix},\ D_1=\begin{vmatrix} b_1 & a_{12} \\ b_2 & a_{22} \end{vmatrix},\ D_2=\begin{vmatrix} a_{11} & b_1 \\ a_{21} & b_2 \end{vmatrix},$$

那么,(1-2)式可写成

$$x_1=\frac{D_1}{D}=\frac{\begin{vmatrix} b_1 & a_{12} \\ b_2 & a_{22} \end{vmatrix}}{\begin{vmatrix} a_{11} & a_{12} \\ a_{21} & a_{22} \end{vmatrix}},\ x_2=\frac{D_2}{D}=\frac{\begin{vmatrix} a_{11} & b_1 \\ a_{21} & b_2 \end{vmatrix}}{\begin{vmatrix} a_{11} & a_{12} \\ a_{21} & a_{22} \end{vmatrix}}.$$

这里的分母 D 是由方程组(1-1)的系数所确定的二阶行列式(称为**系数行列式**),x_1 的分子 D_1 是由常数项 b_1、b_2 替换 D 中 x_1 的系数 a_{11}、a_{21} 所得的二阶行列式,x_2 的分子 D_2 是由常数项 b_1、b_2 替换 D 中 x_2 的系数 a_{12}、a_{22} 所得的二阶行列式.

二、三阶行列式

定义 1　设有 9 个数排成 3 行 3 列的数表

$$\begin{matrix} a_{11} & a_{12} & a_{13} \\ a_{21} & a_{22} & a_{23} \\ a_{31} & a_{32} & a_{33}, \end{matrix} \tag{1-5}$$

记

$$D=\begin{vmatrix} a_{11} & a_{12} & a_{13} \\ a_{21} & a_{22} & a_{23} \\ a_{31} & a_{32} & a_{33} \end{vmatrix} \tag{1-6}$$

$$=a_{11}a_{22}a_{33}+a_{12}a_{23}a_{31}+a_{13}a_{21}a_{32}$$
$$-a_{11}a_{23}a_{32}-a_{12}a_{21}a_{33}-a_{13}a_{22}a_{31}.$$

(1-6)式称为数表(1-5)所确定的**三阶行列式**.

下面来讨论三阶行列式的计算方法.

1. 沙路法

沙路法计算三阶行列式如图 1-2 所示.

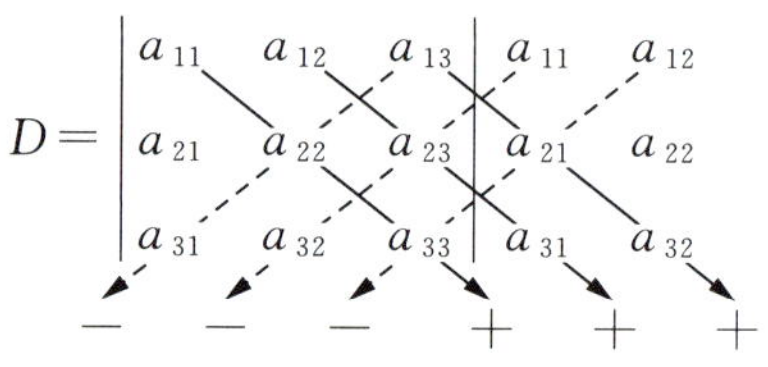

图 1-2

由图 1-2 可得

$$D=a_{11}a_{22}a_{33}+a_{12}a_{23}a_{31}+a_{13}a_{21}a_{32}$$
$$-a_{11}a_{23}a_{32}-a_{12}a_{21}a_{33}-a_{13}a_{22}a_{31}.$$

2. 对角线法则

对角线法则计算三阶行列式如图 1-3 所示.

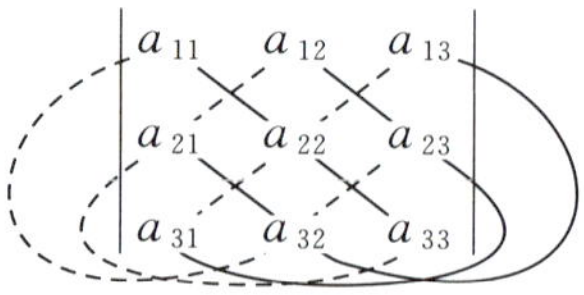

图 1-3

由图 1-3 可得

$$D=a_{11}a_{22}a_{33}+a_{12}a_{23}a_{31}+a_{13}a_{21}a_{32}$$
$$-a_{11}a_{23}a_{32}-a_{12}a_{21}a_{33}-a_{13}a_{22}a_{31}.$$

定义 1 表明三阶行列式含 6 项,每项均为不同行、不同列的三个元素的乘积再冠以正负号,其规律遵循如图 1-2、图 1-3 所示的法则:图中有三条实线看做是平行于主对角线的联线,三条虚线看做是平行于副对角线的联线,实线上三个元素的乘积冠以正号,虚线上三个元素的乘积冠以负号.

注意:四阶及更高阶的行列式不再适用沙路法或对角线法则.

知识巩固

例 1 计算三阶行列式 $D=\begin{vmatrix} 1 & 2 & -4 \\ -2 & 2 & 1 \\ -3 & 4 & -2 \end{vmatrix}$.

解 按对角线法则,有

$$\begin{aligned} D &=1\times 2\times(-2)+2\times 1\times(-3)+(-4)\times(-2)\times 4 \\ &\quad -1\times 1\times 4-2\times(-2)\times(-2)-(-4)\times 2\times(-3) \\ &=-4-6+32-4-8-24=-14. \end{aligned}$$

例 2 求解二元线性方程组 $\begin{cases} 3x_1-2x_2=12, \\ 2x_1+x_2=1. \end{cases}$

解 因为 $D=\begin{vmatrix} 3 & -2 \\ 2 & 1 \end{vmatrix}=3-(-4)=7\neq 0$, $D_1=\begin{vmatrix} 12 & -2 \\ 1 & 1 \end{vmatrix}=14$, $D_2=\begin{vmatrix} 3 & 12 \\ 2 & 1 \end{vmatrix}=-21$.

所以 $x_1=\dfrac{D_1}{D}=\dfrac{14}{7}=2$, $x_2=\dfrac{D_2}{D}=\dfrac{-21}{7}=-3$.

课后练习

1. 解线性方程组 $\begin{cases} x_1-2x_2+x_3=-2, \\ 2x_1+x_2-3x_3=1, \\ -x_1+x_2-x_3-0. \end{cases}$

2. 计算下列行列式.

(1) $\begin{vmatrix} \sin x & \cos x \\ -\cos x & \sin x \end{vmatrix}$;　　(2) $\begin{vmatrix} a & b & c \\ b & c & a \\ c & a & b \end{vmatrix}$.

第二节　全排列及其逆序数

知识引入

用 1、2、3 三个数字，可以组成多少个没有重复数字的三位数？

在数学中，把考察的对象，例如上述问题中的数字 1、2、3 叫作元素.上述问题就转化为：把三个不同的元素排成一列，共有几种不同的排法？

知识准备

一、全排列的定义

上述问题中的三位数，百位上可以从 1、2、3 三个数字中任选一个放置，所以有 3 种放法；十位上只能从剩下的两个数字中任选一个放置，所以有 2 种放法；而个位上只能放置最后剩下的一个数字，所以只有 1 种放法.因此共有 6 种放法，见表 1-1.

表 1-1

百位	十位	个位
1	2	3
	3	2
2	1	3
	3	1
3	1	2
	2	1

对于 n 个不同的元素，也可以提出类似的问题：把 n 个不同的元素排成一列，共有几种不同的排法？

定义 1　从 $1, 2, \cdots, n$ 中任意选取 r 个不同的数排成一列，称为**排列**.

定义 2　将 $1, 2, \cdots, n$ 这 n 个不同的数排成一列，称为 **n 阶全排列**，简称为**全排列**.

n 个不同元素的所有排列的种数，通常用 $\boldsymbol{p}_n$ 表示.由引入问题的结果可知 $p_3=3\cdot 2\cdot 1=6$.

例如,设有 1、2、3、4、5 五个元素,则 51、512、5124 都是五个元素的一个排列,而 51243 则是五个元素的一个全排列.

n 阶全排列的总个数为 $p_n=n!=n(n-1)\cdots 3\cdot 2\cdot 1$.

例如,$p_5=5!=5\cdot 4\cdot 3\cdot 2\cdot 1=120$.

二、逆序数

显然,$12\cdots n$ 也是 n 个数的全排列,而且 n 个不同的元素是按照从小到大的自然顺序排列的,这样的全排列称为**标准排列**.而其他的 n 阶全排列都或多或少地破坏了自然顺序.

定义 3 在一个排列中,如果一对数的排列顺序与自然顺序相反,即排在左边的数比排在右边的数大,那么它们就称为一个**逆序**,一个排列中逆序的总数就称为**这个排列的逆序数**.

排列 $i_1i_2\cdots i_n$ 的逆序数记为 $t(i_1i_2\cdots i_n)$.

例如,全排列 51243 中,51、52、54、53、43 都是逆序,从而全排列 51243 的逆序数为 $t(51243)=5$.

定义 4 逆序数为奇数的排列,称为**奇排列**;逆序数为偶数的排列,称为**偶排列**.

知识巩固

下面来讨论计算排列的逆序数的方法.

不妨设 n 个元素为 1 至 n 这 n 个自然数,并规定由小到大为标准次序,设 $p_1p_2\cdots p_n$ 为这 n 个自然数的一个排列.

方法一:在排列 $p_1p_2\cdots p_n$ 中,直接找出次序颠倒了的元素对的个数,它们的和就是该排列的逆序数.

例 判断排列 5132 的奇偶性.

解 在排列 5132 中,构成逆序的数对有 51、52、53、32,故排列 5132 的逆序数 $t(5132)=4$,可知 5132 是偶排列.

方法二:分别计算出排列中每个元素前面比它大的元素个数之和,即算出排列中每个元素的逆序数,每个元素的逆序数总和就是所求排列的逆序数.

例如,考察元素 $p_i(i=1,2,\cdots,n)$,如果比 p_i 大的且排在 p_i 前面的元素有 t_i 个,则 p_i 这个元素的逆序数是 t_i.全体元素的逆序数之和 $t=t_1+t_2+\cdots+t_n=\sum_{i=1}^{n}t_i$,即是这个排列的逆序数.

课后练习

判断下列排列的奇偶性.

(1) 634521;　　(2) 53142;　　(3) 54321.

第三节　n 阶行列式的定义

知识引入

观察三阶行列式的展开式具有哪些规律?

$$D=\begin{vmatrix} a_{11} & a_{12} & a_{13} \\ a_{21} & a_{22} & a_{23} \\ a_{31} & a_{32} & a_{33} \end{vmatrix}$$
$$=a_{11}a_{22}a_{33}+a_{12}a_{23}a_{31}+a_{13}a_{21}a_{32}$$
$$-a_{11}a_{23}a_{32}-a_{12}a_{21}a_{33}-a_{13}a_{22}a_{31}.$$

根据观察,发现有以下规律.

(1) 三阶行列式共有 6 项,即 3! 项;

(2) 每一项都是位于不同行、不同列的三个元素的乘积;

(3) 每一项可以写成 $a_{1p_1}a_{2p_2}a_{3p_3}$(正负号除外),其中 $p_1p_2p_3$ 是 1、2、3 的某个排列;

(4) 当 $p_1p_2p_3$ 是偶排列时,对应的项取正号;

(5) 当 $p_1p_2p_3$ 是奇排列时,对应的项取负号.

所以,三阶行列式也可以写成

$$D=\sum(-1)^{t(p_1p_2p_3)}a_{1p_1}a_{2p_2}a_{3p_3}.$$

其中 t 为排列 $p_1p_2p_3$ 的逆序数,$\sum$ 表示对 1、2、3 三个数的所有排列 $p_1p_2p_3$ 求和.

知识准备

二阶行列式有以上类似规律.下面试着推广到一般的情形.

定义 有 n^2 个元素排成 n 行 n 列的数表

$$\begin{matrix} a_{11} & a_{12} & \cdots & a_{1n} \\ a_{21} & a_{22} & \cdots & a_{2n} \\ \vdots & \vdots & & \vdots \\ a_{n1} & a_{n2} & \cdots & a_{nn}, \end{matrix}$$

由这个数表所决定的数

$$\sum (-1)^{t(p_1p_2\cdots p_n)} a_{1p_1}a_{2p_2}\cdots a_{np_n}$$

称为由 n^2 个元素构成的 n 阶行列式,记作

$$D=\begin{vmatrix} a_{11} & a_{12} & \cdots & a_{1n} \\ a_{21} & a_{22} & \cdots & a_{2n} \\ \vdots & \vdots & & \vdots \\ a_{n1} & a_{n2} & \cdots & a_{nn} \end{vmatrix},$$

即

$$D=\begin{vmatrix} a_{11} & a_{12} & \cdots & a_{1n} \\ a_{21} & a_{22} & \cdots & a_{2n} \\ \vdots & \vdots & & \vdots \\ a_{n1} & a_{n2} & \cdots & a_{nn} \end{vmatrix}=\sum (-1)^{t(p_1p_2\cdots p_n)} a_{1p_1}a_{2p_2}\cdots a_{np_n},$$

记作 $\det(a_{ij})$,数 a_{ij} 称为**行列式 $\det(a_{ij})$ 的元素**.

其中 $p_1p_2\cdots p_n$ 为自然数 1, 2, …, n 的一个排列,t 为这个排列的逆序数.

由定义可知,n 阶行列式具有以下特点.

(1) $\sum$ 是对所有 n 阶全排列 $p_1p_2\cdots p_n$ 求和,所以展开式中共有 $n!$ 项;

(2) 每一项 $a_{1p_1}a_{2p_2}\cdots a_{np_n}$ 是取自不同行、不同列的 n 个元素的乘积;

(3) 每一项 $a_{1p_1}a_{2p_2}\cdots a_{np_n}$ 的行标排成一个标准排列,列标排列 $p_1p_2\cdots p_n$ 的奇偶性决定了乘积 $a_{1p_1}a_{2p_2}\cdots a_{np_n}$ 前的符号.

知识巩固

例 1 证明下列等式.

(1) $\begin{vmatrix} \lambda_1 & & & \\ & \lambda_2 & & \\ & & \ddots & \\ & & & \lambda_n \end{vmatrix}=\lambda_1\lambda_2\cdots\lambda_n$; (2) $\begin{vmatrix} & & & \lambda_1 \\ & & \lambda_2 & \\ & \iddots & & \\ \lambda_n & & & \end{vmatrix}=(-1)^{\frac{n(n-1)}{2}}\lambda_1\lambda_2\cdots\lambda_n$.

其中未写出的元素均为0.

证明 (1)式等号左端的行列式称为对角行列式,其结果是显然的,下面证(2)式.

若记 $\lambda_i = a_{i,n-i+1}$,则依行列式定义

$$\begin{vmatrix} & & & \lambda_1 \\ & & \lambda_2 & \\ & \iddots & & \\ \lambda_n & & & \end{vmatrix} = \begin{vmatrix} & & & a_{1n} \\ & & a_{2,n-1} & \\ & \iddots & & \\ a_{n1} & & & \end{vmatrix}$$

$$= (-1)^{t[n(n-1)\cdots 21]} a_{1n}a_{2,n-1}\cdots a_{n1}$$

$$= (-1)^{\frac{n(n-1)}{2}} \lambda_1\lambda_2\cdots\lambda_n.$$

主对角线以下(上)的元素都是0的行列式叫做**上(下)三角形行列式**,它的值与对角行列式一样.

例2 计算下三角形行列式的值:

$$D = \begin{vmatrix} a_{11} & 0 & \cdots & 0 \\ a_{21} & a_{22} & \cdots & 0 \\ \vdots & \vdots & & \vdots \\ a_{n1} & a_{n2} & \cdots & a_{nn} \end{vmatrix}.$$

解 根据行列式定义,有

$$D = \begin{vmatrix} a_{11} & 0 & \cdots & 0 \\ a_{21} & a_{22} & \cdots & 0 \\ \vdots & \vdots & & \vdots \\ a_{n1} & a_{n2} & \cdots & a_{nn} \end{vmatrix} = \sum (-1)^{t(p_1p_2\cdots p_n)} a_{1p_1}a_{2p_2}\cdots a_{np_n}.$$

该行列式中有较多的元素为零,要使得乘积项 $a_{1p_1}a_{2p_2}\cdots a_{np_n}$ 不等于零,元素 a_{1p_1} 只能取 a_{11},元素 a_{2p_2} 只能取 a_{22}, ……,元素 a_{np_n} 只能取 a_{nn},从而行列式的展开式中只有 $a_{11}a_{22}\cdots a_{nn}$ 这一项不是零,其他项全为零.而 $a_{11}a_{22}\cdots a_{nn}$ 的列标是标准排列,逆序数为零,所以 $D = a_{11}a_{22}\cdots a_{nn}$.

因此,下三角形行列式的值等于主对角线上 n 个元素的乘积,而与主对角线下方的元素无关.

例3 计算上三角形行列式的值:

$$D = \begin{vmatrix} a_{11} & a_{12} & \cdots & a_{1n} \\ 0 & a_{22} & \cdots & a_{2n} \\ \vdots & \vdots & & \vdots \\ 0 & 0 & \cdots & a_{nn} \end{vmatrix}.$$

解 类似于例 2,要使得乘积项 $a_{1p_1}a_{2p_2}\cdots a_{np_n}$ 不等于零,元素 a_{np_n} 只能取 a_{nn},元素 $a_{(n-1)p_{(n-1)}}$ 只能取 $a_{n-1,n-1}$,……,元素 a_{1p_1} 只能取 a_{11},于是行列式的展开式中只有 $a_{11}a_{22}\cdots a_{nn}$ 这一项不是零,其他项全为零.而 $a_{11}a_{22}\cdots a_{nn}$ 的列标是标准排列,逆序数为零,所以 $D=a_{11}a_{22}\cdots a_{nn}$.

由此可见,无论上三角行列式还是下三角行列式,其值都等于主对角线上 n 个元素的乘积,而与其他位置的非零元素没有关系.

课后练习

1. 已知 $f(x)=\begin{vmatrix} 2x & 1 & 1 & 2 \\ 3 & 2 & x & 1 \\ x & x & 1 & 2 \\ 2 & 1 & 1 & 3x \end{vmatrix}$,求 x^3 和 x^4 的系数.

2. 用行列式的定义计算 $D_5=\begin{vmatrix} 0 & 0 & a_{13} & 0 & 0 \\ 0 & 0 & 0 & a_{24} & 0 \\ 0 & 0 & 0 & 0 & a_{35} \\ a_{41} & 0 & 0 & 0 & 0 \\ 0 & a_{52} & 0 & 0 & 0 \end{vmatrix}$.

第四节 行列式的性质

知识引入

从 n 阶行列式的定义得知,当 $n\geqslant 4$ 时,利用定义来计算一般的行列式是比较困难的,但是上(下)三角行列式的计算却非常简单.这一节将介绍行列式的性质,然后利用性质将一般的行列式化为上(下)三角行列式来计算.

知识准备

设 $D=\begin{vmatrix} a_{11} & a_{12} & \cdots & a_{1n} \\ a_{21} & a_{22} & \cdots & a_{2n} \\ \vdots & \vdots & & \vdots \\ a_{n1} & a_{n2} & \cdots & a_{nn} \end{vmatrix}$,记

$$D^{\mathrm{T}}=\begin{vmatrix} a_{11} & a_{21} & \cdots & a_{n1} \\ a_{12} & a_{22} & \cdots & a_{n2} \\ \vdots & \vdots & & \vdots \\ a_{1n} & a_{2n} & \cdots & a_{nn} \end{vmatrix}.$$

将行列式 D 的各行元素换为同序号的列元素，所得到的行列式 D^{T} 称为行列式 D 的**转置行列式**.

性质 1 行列式与它的转置行列式相等.

该性质的证明利用行列式的定义即可得证.

性质 1 说明，行列式中的行和列具有同等的地位.因此，行列式中的有关性质凡是对行成立的，对列也成立.

性质 2 互换行列式的两行(或两列)，行列式变号.

例如：

$$\begin{vmatrix} a_{11} & a_{12} & \cdots & a_{1n} \\ \vdots & \vdots & & \vdots \\ a_{i1} & a_{i2} & \cdots & a_{in} \\ \vdots & \vdots & & \vdots \\ a_{j1} & a_{j2} & \cdots & a_{jn} \\ \vdots & \vdots & & \vdots \\ a_{n1} & a_{n2} & \cdots & a_{nn} \end{vmatrix}=-\begin{vmatrix} a_{11} & a_{12} & \cdots & a_{1n} \\ \vdots & \vdots & & \vdots \\ a_{j1} & a_{j2} & \cdots & a_{jn} \\ \vdots & \vdots & & \vdots \\ a_{i1} & a_{i2} & \cdots & a_{in} \\ \vdots & \vdots & & \vdots \\ a_{n1} & a_{n2} & \cdots & a_{nn} \end{vmatrix}.$$

上述性质的使用记为 $r_i \leftrightarrow r_j$，若第 i 列与第 j 列互换，记为 $c_i \leftrightarrow c_j$.

推论 1 若行列式中有两行(或两列)对应元素相等，则行列式等于零.

证明 把行列式 D 中有相同元素的两行(或两列)互换，则有 $D=-D$，因此 $D=0$.

性质 3 行列式的某一行(列)中所有的元素都乘以同一数 k，等于用数 k 乘此行列式.

例如：

$$\begin{vmatrix} a_{11} & a_{12} & \cdots & a_{1n} \\ \vdots & \vdots & & \vdots \\ ka_{i1} & ka_{i1} & \cdots & ka_{in} \\ \vdots & \vdots & & \vdots \\ a_{n1} & a_{n2} & \cdots & a_{nn} \end{vmatrix}=k\begin{vmatrix} a_{11} & a_{12} & \cdots & a_{1n} \\ \vdots & \vdots & & \vdots \\ a_{i1} & a_{i1} & \cdots & a_{in} \\ \vdots & \vdots & & \vdots \\ a_{n1} & a_{n2} & \cdots & a_{nn} \end{vmatrix}.$$

证明 由行列式的定义有

$$\begin{aligned} \text{左端} &= \sum_{j_1 j_2 \cdots j_n} (-1)^{t(j_1 j_2 \cdots j_n)} a_{1j_1} \cdots (ka_{ij_i}) \cdots a_{nj_n} \\ &= k \sum_{j_1 j_2 \cdots j_n} (-1)^{t(j_1 j_2 \cdots j_n)} a_{1j_1} \cdots a_{ij_i} \cdots a_{nj_n} \\ &= \text{右端}. \end{aligned}$$

推论 2 行列式的某一行(列)的所有元素的公因子可以提到行列式的外面.

推论 3 行列式的某一行(列)元素全为零,则行列式的值为零.

推论 4 行列式中如果有两行(列)元素对应成比例,则该行列式等于零.

性质 4 若行列式的某一行(列)的元素都是两数之和,则该行列式可拆为两个行列式的和.

例如:

$$D=\begin{vmatrix} a_{11} & a_{12} & \cdots & (a_{1i}+a'_{1i}) & \cdots & a_{1n} \\ a_{21} & a_{22} & \cdots & (a_{2i}+a'_{2i}) & \cdots & a_{2n} \\ \vdots & \vdots & & \vdots & & \vdots \\ a_{n1} & a_{n2} & \cdots & (a_{ni}+a'_{ni}) & \cdots & a_{nn} \end{vmatrix}$$

$$=\begin{vmatrix} a_{11} & a_{12} & \cdots & a_{1i} & \cdots & a_{1n} \\ a_{21} & a_{22} & \cdots & a_{2i} & \cdots & a_{2n} \\ \vdots & \vdots & & \vdots & & \vdots \\ a_{n1} & a_{n2} & \cdots & a_{ni} & \cdots & a_{nn} \end{vmatrix}+\begin{vmatrix} a_{11} & a_{12} & \cdots & a'_{1i} & \cdots & a_{1n} \\ a_{21} & a_{22} & \cdots & a'_{2i} & \cdots & a_{2n} \\ \vdots & \vdots & & \vdots & & \vdots \\ a_{n1} & a_{n2} & \cdots & a'_{ni} & \cdots & a_{nn} \end{vmatrix}.$$

性质 5 把行列式的某一行(或某一列)的 k 倍加到另一行(或另一列)的对应元素上去,行列式的值不变.

例如:

$$\begin{vmatrix} a_{11} & a_{12} & \cdots & a_{1n} \\ \vdots & \vdots & & \vdots \\ a_{i1} & a_{i2} & \cdots & a_{in} \\ \vdots & \vdots & & \vdots \\ a_{j1}+ka_{i1} & a_{j2}+ka_{i2} & \cdots & a_{jn}+ka_{in} \\ \vdots & \vdots & & \vdots \\ a_{n1} & a_{n2} & \cdots & a_{nn} \end{vmatrix}=\begin{vmatrix} a_{11} & a_{12} & \cdots & a_{1n} \\ \vdots & \vdots & & \vdots \\ a_{i1} & a_{i2} & \cdots & a_{in} \\ \vdots & \vdots & & \vdots \\ a_{j1} & a_{j2} & \cdots & a_{jn} \\ \vdots & \vdots & & \vdots \\ a_{n1} & a_{n2} & \cdots & a_{nn} \end{vmatrix}.$$

知识巩固

例 1 计算下列行列式.

(1) $D=\begin{vmatrix} 4 & 2 & 9 & -3 & 0 \\ 6 & 3 & -5 & 7 & 1 \\ 5 & 0 & 0 & 0 & 0 \\ 8 & 0 & 0 & 4 & 0 \\ 7 & 0 & 3 & 5 & 0 \end{vmatrix}.$

解 将第 1、2 行互换,第 3、5 行互换,得

$$D=(-1)^2\begin{vmatrix}6&3&-5&7&1\\4&2&9&-3&0\\7&0&3&5&0\\8&0&0&4&0\\5&0&0&0&0\end{vmatrix},$$

将第 1、5 列互换，得

$$D=(-1)^3\begin{vmatrix}1&3&-5&7&6\\0&2&9&-3&4\\0&0&3&5&7\\0&0&0&4&8\\0&0&0&0&5\end{vmatrix}=-1\cdot2\cdot3\cdot4\cdot5=-5!\ =-120.$$

(2) $D=\begin{vmatrix}3&1&1&1\\1&3&1&1\\1&1&3&1\\1&1&1&3\end{vmatrix}.$

解 这个行列式的特点是各行 4 个数的和都是 6，把第 2、3、4 各列同时加到第 1 列，提出公因子，然后把第 1 行乘以 −1 加到第 2、3、4 行上就成为三角形行列式.具体计算如下.

$$D=\begin{vmatrix}6&1&1&1\\6&3&1&1\\6&1&3&1\\6&1&1&3\end{vmatrix}=6\begin{vmatrix}1&1&1&1\\1&3&1&1\\1&1&3&1\\1&1&1&3\end{vmatrix}=6\begin{vmatrix}1&1&1&1\\0&2&0&0\\0&0&2&0\\0&0&0&2\end{vmatrix}=6\times2^3=48.$$

(3) $D=\begin{vmatrix}0&-1&-1&2\\1&-1&0&2\\-1&2&-1&0\\2&1&1&0\end{vmatrix}.$

解

$$D=\begin{vmatrix}0&-1&-1&2\\1&-1&0&2\\-1&2&-1&0\\2&1&1&0\end{vmatrix}\xlongequal{r_1\leftrightarrow r_2}-\begin{vmatrix}1&-1&0&2\\0&-1&-1&2\\-1&2&-1&0\\2&1&1&0\end{vmatrix}\xlongequal[r_4-2r_1]{r_3+r_1}-\begin{vmatrix}1&-1&0&2\\0&-1&-1&2\\0&1&-1&2\\0&3&1&-4\end{vmatrix}$$

$$\xlongequal[r_4+3r_2]{r_3+r_2}-\begin{vmatrix}1&-1&0&2\\0&-1&-1&2\\0&0&-2&4\\0&0&-2&2\end{vmatrix}\xlongequal{r_4-r_3}-\begin{vmatrix}1&-1&0&2\\0&-1&-1&2\\0&0&-2&4\\0&0&0&-2\end{vmatrix}=4.$$

例 2 证明 $D=\begin{vmatrix}1&a&b&c+d\\1&b&c&a+d\\1&c&d&a+b\\1&d&a&b+c\end{vmatrix}=0.$

证明 把第 2、3 列同时加到第 4 列上去,可得

$$D=\begin{vmatrix}1&a&b&a+b+c+d\\1&b&c&a+b+c+d\\1&c&d&a+b+c+b\\1&d&a&a+b+c+d\end{vmatrix}=(a+b+c+d)\begin{vmatrix}1&a&b&1\\1&b&c&1\\1&c&d&1\\1&d&a&1\end{vmatrix}=0,$$

证毕.

课后练习

计算下列行列式.

(1) $D=\begin{vmatrix}3&1&-1&2\\-5&1&3&-4\\2&0&1&-1\\1&-5&3&-3\end{vmatrix}$; (2) $D=\begin{vmatrix}3&2&2&2\\2&3&2&2\\2&2&3&2\\2&2&2&3\end{vmatrix}$;

(3) $D=\begin{vmatrix}0&2&-2&2\\1&3&0&4\\-2&-11&3&-16\\0&-7&3&1\end{vmatrix}$.

第五节 行列式按行(列)展开

知识引入

将三阶行列式

$$D=\begin{vmatrix} a_{11} & a_{12} & a_{13} \\ a_{21} & a_{22} & a_{23} \\ a_{31} & a_{32} & a_{33} \end{vmatrix}$$
$$=a_{11}a_{22}a_{33}+a_{12}a_{23}a_{31}+a_{13}a_{21}a_{32}$$
$$-a_{11}a_{23}a_{32}-a_{12}a_{21}a_{33}-a_{13}a_{22}a_{31}$$

的结果进行改写,得到

$$D=a_{11}(a_{22}a_{33}-a_{23}a_{32})-a_{12}(a_{21}a_{33}-a_{23}a_{31})+a_{13}(a_{21}a_{32}-a_{22}a_{31})$$
$$=a_{11}\begin{vmatrix} a_{22} & a_{23} \\ a_{32} & a_{33} \end{vmatrix}-a_{12}\begin{vmatrix} a_{21} & a_{23} \\ a_{31} & a_{33} \end{vmatrix}+a_{13}\begin{vmatrix} a_{21} & a_{22} \\ a_{31} & a_{32} \end{vmatrix}.$$

由此可见,三阶行列式可由二阶行列式的代数和来表示.那么,n 阶行列式与 $n-1$ 阶行列式是否也有类似的关系呢?这一节就来讨论这个问题.

知识准备

要研究如何把较高阶的行列式转化为较低阶行列式的问题,从而得到计算行列式的另一种方法——**降阶法**.为此,先介绍代数余子式的概念.

定义 1 在 n 阶行列式中,划去元素 a_{ij} 所在的第 i 行和第 j 列后,余下的元素按原来的位置构成一个 $n-1$ 阶行列式,称为**元素 a_{ij} 的余子式**,记作 M_{ij}.元素 a_{ij} 的余子式 M_{ij} 前面添上符号 $(-1)^{i+j}$ 称为**元素 a_{ij} 的代数余子式**,记作 A_{ij}.即 $A_{ij}=(-1)^{i+j}M_{ij}$.

例如,在四阶行列式

$$D=\begin{vmatrix} a_{11} & a_{12} & a_{13} & a_{14} \\ a_{21} & a_{22} & a_{23} & a_{24} \\ a_{31} & a_{32} & a_{33} & a_{34} \\ a_{41} & a_{42} & a_{43} & a_{44} \end{vmatrix}$$

中,元素 a_{23} 的余子式是 $M_{23}=\begin{vmatrix} a_{11} & a_{12} & a_{14} \\ a_{31} & a_{32} & a_{34} \\ a_{41} & a_{42} & a_{44} \end{vmatrix}$.

而 $A_{23}=(-1)^{2+3}M_{23}=-\begin{vmatrix} a_{11} & a_{12} & a_{14} \\ a_{31} & a_{32} & a_{34} \\ a_{41} & a_{42} & a_{44} \end{vmatrix}$ 是元素 a_{23} 的代数余子式.

定理 1 n 阶行列式 D 等于它的任意一行(列)的各元素与其对应的代数余子式的乘积之和,即

$$D=a_{i1}A_{i1}+a_{i2}A_{i2}+\cdots+a_{in}A_{in}\,(i=1,\ 2,\ \cdots,\ n),$$

或

$$D=a_{1j}A_{1j}+a_{2j}A_{2j}+\cdots+a_{nj}A_{nj}\ (j=1,\ 2,\ \cdots,\ n).$$

定理 1 表明，n 阶行列式可以用 $n-1$ 阶行列式来表示，因此该定理又称为**行列式的降阶展开定理**.利用该定理并结合行列式的性质，可以大大简化行列式的计算.计算行列式时，一般利用性质将某一行(列)化简为仅有一个非零元素，再按定理 1 展开，变为低一阶行列式，如此继续下去，直到将行列式化为三阶或二阶.这在行列式的计算中是一种常用的方法.

定理 2 n 阶行列式 D 中某一行(列)的各元素与另一行(列)对应元素的代数余子式的乘积之和等于零，即

$$a_{i1}A_{j1}+a_{i2}A_{j2}+\cdots+a_{in}A_{jn}=0,\ i\neq j,$$

或

$$a_{1i}A_{1j}+a_{2i}A_{2j}+\cdots+a_{ni}A_{nj}=0,\ i\neq j.$$

知识巩固

例 1 计算行列式 $D=\begin{vmatrix}3&1&-1&2\\-5&1&3&-4\\2&0&1&-1\\1&-5&3&-3\end{vmatrix}$.

解
$$D=\begin{vmatrix}3&1&-1&2\\-5&1&3&-4\\2&0&1&-1\\1&-5&3&-3\end{vmatrix}\xlongequal[c_4+c_3]{c_1-2c_3}\begin{vmatrix}5&1&-1&1\\-11&1&3&-1\\0&0&1&0\\-5&-5&3&0\end{vmatrix}$$

$$=(-1)^{3+3}\begin{vmatrix}5&1&1\\-11&1&-1\\-5&-5&0\end{vmatrix}\xlongequal{r_2+r_1}\begin{vmatrix}5&1&1\\-6&2&0\\-5&-5&0\end{vmatrix}$$

$$=\begin{vmatrix}-6&2\\-5&-5\end{vmatrix}\xlongequal{c_1-c_2}\begin{vmatrix}-8&2\\0&-5\end{vmatrix}=40.$$

例 2 计算行列式 $D=\begin{vmatrix}5&3&-1&2&0\\1&7&2&5&2\\0&-2&3&1&0\\0&-4&-1&4&0\\0&2&3&5&0\end{vmatrix}$.

解 $D=\begin{vmatrix}5&3&-1&2&0\\1&7&2&5&2\\0&-2&3&1&0\\0&-4&-1&4&0\\0&2&3&5&0\end{vmatrix}=(-1)^{2+5}2\begin{vmatrix}5&3&-1&2\\0&-2&3&1\\0&-4&-1&4\\0&2&3&5\end{vmatrix}$

$=-10\begin{vmatrix}-2&3&1\\0&-7&2\\0&6&6\end{vmatrix}=-10\cdot(-2)\begin{vmatrix}-7&2\\6&6\end{vmatrix}$

$=20(-42-12)=-1\,080.$

课后练习

计算下列行列式.

(1) $D=\begin{vmatrix}3&-1&1&-1\\1&4&2&2\\0&3&0&0\\0&-3&1&2\end{vmatrix}$；　(2) $D=\begin{vmatrix}1&-1&1&-1\\2&0&1&1\\1&-5&3&3\\-5&1&1&2\end{vmatrix}$；

(3) $D=\begin{vmatrix}2&2&2&2\\0&-3&0&0\\1&0&-1&1\\3&2&0&4\end{vmatrix}$；　(4) $D=\begin{vmatrix}1&-1&1&x-1\\1&-1&x+1&-1\\1&x-1&1&-1\\x+1&-1&1&-1\end{vmatrix}$.

第六节　克拉默法则

知识引入

行列式的一个重要应用就是解线性方程组，本节将从最简单的二元线性方程组入手，讨论如何运用行列式解线性方程组.

对于二元线形方程组$\begin{cases}a_{11}x_1+a_{12}x_2=b_1,\\a_{21}x_2+a_{22}x_2=b_2,\end{cases}$当 $a_{11}a_{22}-a_{12}a_{21}\neq0$ 时，此线形方程组仅有唯一解

$$\begin{cases} x_1=\dfrac{a_{22}b_1-a_{12}b_2}{a_{11}a_{22}-a_{12}a_{21}}, \\ x_2=\dfrac{a_{11}b_2-a_{21}b_1}{a_{11}a_{22}-a_{12}a_{21}}. \end{cases}$$

用行列式表示如下.

$$D=\begin{vmatrix} a_{11} & a_{12} \\ a_{21} & a_{22} \end{vmatrix}=a_{11}a_{22}-a_{12}a_{21},$$

$$D_1=\begin{vmatrix} b_1 & a_{12} \\ b_2 & a_{22} \end{vmatrix}=b_1a_{22}-a_{12}b_2,\ D_2=\begin{vmatrix} a_{11} & b_1 \\ a_{21} & b_2 \end{vmatrix}=a_{11}b_2-a_{21}b_1.$$

当 $D\neq 0$,此线性方程组的唯一解为

$$\begin{cases} x_1=\dfrac{D_1}{D}, \\ x_2=\dfrac{D_2}{D}. \end{cases}$$

前面已经介绍了 n 阶行列式的定义和计算方法,作为行列式的应用,本节介绍用行列式解 n 元线性方程组的方法——**克拉默法则**.

知识准备

定理 1(克拉默法则) 含有 n 个未知数 $x_1, x_2, \cdots, x_n$ 的 n 个线性方程的方程组

$$\begin{cases} a_{11}x_1+a_{12}x_2+\cdots+a_{1n}x_n=b_1, \\ a_{21}x_1+a_{22}x_2+\cdots+a_{2n}x_n=b_2, \\ \quad\cdots\cdots\cdots\cdots \\ a_{n1}x_1+a_{n2}x_2+\cdots+a_{nn}x_n=b_n. \end{cases} \tag{1-7}$$

与二、三元线性方程组相类似,它的解可以用 n 阶行列式表示,即克拉默法则.

令其系数行列式为

$$D=\begin{vmatrix} a_{11} & a_{12} & \cdots & a_{1n} \\ a_{21} & a_{22} & \cdots & a_{2n} \\ \vdots & \vdots & & \vdots \\ a_{n1} & a_{n2} & \cdots & a_{nn} \end{vmatrix},$$

系数行列式中第 $1, 2, 3, \cdots, n$ 列元素分别用线性方程组常数项对应替换后得到的行列式,有

$$D_1=\begin{vmatrix} b_1 & a_{12} & \cdots & a_{1n} \\ b_2 & a_{22} & \cdots & a_{2n} \\ \vdots & \vdots & & \vdots \\ b_n & a_{n2} & \cdots & a_{nn} \end{vmatrix}, \cdots, D_n=\begin{vmatrix} a_{11} & a_{12} & \cdots & b_1 \\ a_{21} & a_{22} & \cdots & b_2 \\ \vdots & \vdots & & \vdots \\ a_{n1} & a_{n2} & \cdots & b_n \end{vmatrix}.$$

此时,若 $D\neq0$,则方程组有唯一解

$$\begin{cases} x_1=\dfrac{D_1}{D}, \\ x_2=\dfrac{D_2}{D}, \\ \cdots\cdots\cdots\cdots \\ x_n=\dfrac{D_n}{D}. \end{cases} \tag{1-8}$$

推论 1 如果线性方程组(1-7)无解或有两个不同的解,则它的系数行列式必为零.

注意:用克拉默法则解线性方程组时,必须满足两个条件:一是方程的个数与未知量的个数相等;二是系数行列式 $D\neq0$.当方程组(1-7)中的常数项都等于 0 时,称为**齐次线性方程组**,即

$$\begin{cases} a_{11}x_1+a_{12}x_2+\cdots+a_{1n}x_n=0, \\ a_{21}x_1+a_{22}x_2+\cdots+a_{2n}x_n=0, \\ \cdots\cdots\cdots\cdots \\ a_{n1}x_1+a_{n2}x_2+\cdots+a_{nn}x_n=0. \end{cases} \tag{1-9}$$

显然,所有未知量皆取零,则为齐次线性方程组的一个解,这个解称为**零解**.

此外,若未知量的一组不全为零的值也是它的解,这个解称为**非零解**.

齐次线性方程组一定有零解,但不一定有非零解.

定理 2 如果齐次线性方程组(1-9)的系数行列式 $D\neq0$,则它只有零解.

证明 由于 $D\neq0$,故方程组(1-9)有唯一解,又因为方程组(1-9)已有零解,所以方程组(1-9)只有零解.

定理 2 的逆否命题如下.

推论 2 如果齐次线性方程组(1-9)有非零解,那么它的系数行列式 $D=0$.

知识巩固

例 1 解线性方程组 $\begin{cases} x_1+2x_2=5, \\ 3x_1+4x_2=9. \end{cases}$

解

$$D=\begin{vmatrix}1 & 2\\3 & 4\end{vmatrix}=-2\neq 0,$$

故此方程组有唯一解.又

$$D_1=\begin{vmatrix}5 & 2\\9 & 4\end{vmatrix}=2,\ D_2=\begin{vmatrix}1 & 5\\3 & 9\end{vmatrix}=-6,$$

所以,该方程组的解为

$$\begin{cases}x_1=\dfrac{D_1}{D}=\dfrac{2}{-2}=-1,\\ x_2=\dfrac{D_2}{D}=\dfrac{-6}{-2}=3.\end{cases}$$

例 2 解线性方程组 $\begin{cases}x_1-x_2+x_3=1,\\x_1-2x_2-x_3=0,\\3x_1+x_2+2x_3=7.\end{cases}$

解

$$D=\begin{vmatrix}1 & -1 & 1\\1 & -2 & -1\\3 & 1 & 2\end{vmatrix}=9\neq 0,\ D_1=\begin{vmatrix}1 & -1 & 1\\0 & -2 & -1\\7 & 1 & 2\end{vmatrix}=18,$$

$$D_2=\begin{vmatrix}1 & 1 & 1\\1 & 0 & -1\\3 & 7 & 2\end{vmatrix}=9,\qquad D_3=\begin{vmatrix}1 & -1 & 1\\1 & -2 & 0\\3 & 1 & 7\end{vmatrix}=0,$$

所以,该方程组的解为

$$\begin{cases}x_1=2,\\x_2=1,\\x_3=0.\end{cases}$$

例 3 解线性方程组 $\begin{cases}x_1+3x_2-2x_3+x_4=1,\\2x_1+5x_2-3x_3+2x_4=3,\\-3x_1+4x_2+8x_3-2x_4=4,\\6x_1-x_2-6x_3+4x_4=2.\end{cases}$

解

$$D=\begin{vmatrix}1 & 3 & -2 & 1\\2 & 5 & -3 & 2\\-3 & 4 & 8 & -2\\6 & -1 & -6 & 4\end{vmatrix}=\begin{vmatrix}1 & 3 & -2 & 1\\0 & -1 & 1 & 0\\0 & 13 & 2 & 1\\0 & -19 & 6 & -2\end{vmatrix}=17\neq 0,$$

故此方程组有唯一解.又

$$D_1=\begin{vmatrix}1&3&-2&1\\3&5&-3&2\\4&4&8&-2\\2&-1&-6&4\end{vmatrix}=-34,\ D_2=\begin{vmatrix}1&1&-2&1\\2&3&-3&2\\-3&4&8&-2\\6&2&-6&4\end{vmatrix}=0,$$

$$D_3=\begin{vmatrix}1&3&1&1\\2&5&3&2\\-3&4&4&-2\\6&-1&2&4\end{vmatrix}=17,\quad D_4=\begin{vmatrix}1&3&-2&1\\2&5&-3&3\\-3&4&8&4\\6&-1&-6&2\end{vmatrix}=85,$$

即得唯一解

$$x_1=-\frac{34}{17}=-2,\ x_2=\frac{0}{17}=0,\ x_3=\frac{17}{17}=1,\ x_4=\frac{85}{17}=5.$$

例 4 若方程组 $\begin{cases}ax_1+x_2+x_3=0,\\x_1+bx_2+x_3=0,\\x_1+2bx_2+x_3=0\end{cases}$ 只有零解,则 a, b 应取何值?

解 由定理 2 知,当系数行列式 $D\neq0$ 时,方程组只有零解,

$$D=\begin{vmatrix}a&1&1\\1&b&1\\1&2b&1\end{vmatrix}=b(1-a),$$

所以,当 $a\neq1$ 且 $b\neq0$ 时,方程组只有零解.

课后练习

1. 问 λ 取何值时,下面的齐次线性方程组有非零解?

$$\begin{cases}\lambda x_1+x_2+3x_3=0,\\x_1+(\lambda-1)x_2+x_3=0,\\x_1+x_2+(\lambda-1)x_3=0.\end{cases}$$

2. 用克拉默法则求解下列线性方程组.

(1) $\begin{cases}x_1-2x_2+2x_3=-1,\\-2x_1+3x_2+4x_3=2,\\2x_1-4x_2+3x_3=1;\end{cases}$

(2) $\begin{cases}x_1-2x_2+x_3=-2,\\x_1+x_2-2x_3=4,\\-2x_1+x_2+2x_3=1.\end{cases}$

复 习 题

1. 填空题.

(1) 四阶行列式中带有负号且包含 a_{12} 和 a_{21} 的项为________;

(2) 四阶行列式中含有因子 a_{11}, a_{23} 的项为________;

(3) 排列 32145 的逆序数为________;

(4) 在函数 $f(x)=\begin{vmatrix} 2x & 1 & -1 \\ -x & -x & x \\ 1 & 2 & x \end{vmatrix}$ 中,x_3 的系数是________;

(5) 设 a、b 为实数,则当 $a=$________且 $b=$________时,$\begin{vmatrix} a & b & 0 \\ -b & a & 0 \\ -1 & 0 & -1 \end{vmatrix}=0$.

2. 利用对角线法则计算下列行列式.

(1) $\begin{vmatrix} 2 & 0 & 1 \\ 1 & -4 & -1 \\ -1 & 8 & 3 \end{vmatrix}$;　　(2) $\begin{vmatrix} 1 & 1 & 1 \\ a & b & c \\ b+c & a+c & a+b \end{vmatrix}$.

3. 计算下列各行列式.

(1) $\begin{vmatrix} 4 & 1 & 2 & 4 \\ 1 & 2 & 0 & 2 \\ 10 & 5 & 2 & 0 \\ 0 & 1 & 1 & 7 \end{vmatrix}$;　　(2) $\begin{vmatrix} a & a & a & a \\ b & b & b & 0 \\ c & c & 0 & 0 \\ d & 0 & 0 & 0 \end{vmatrix}$.

4. 已知 $D=\begin{vmatrix} 1 & 0 & 1 & 2 \\ -1 & 1 & 0 & 3 \\ 1 & 1 & 1 & 0 \\ -1 & 2 & 5 & 4 \end{vmatrix}$,试求:

(1) $A_{12}-A_{22}+A_{32}-A_{42}$;

(2) $A_{41}+A_{42}+A_{43}+A_{44}$.

5. 设 $D=\begin{vmatrix} 1 & -5 & 1 & 3 \\ 1 & 1 & 3 & 4 \\ 1 & 1 & 2 & 3 \\ 2 & 2 & 3 & 4 \end{vmatrix}$,计算 $A_{41}+A_{42}+A_{43}+A_{44}$,其中 A_{4j} $(j=1, 2, 3, 4)$是

行列式中元素 a_{4j} 的代数余子式.

6. 用克拉默法则解下列方程组.

(1) $\begin{cases} x_1+3x_2-2x_3=0, \\ 3x_1-2x_2+x_3=7, \\ 2x_1+x_2+3x_3=7; \end{cases}$　　(2) $\begin{cases} x_1-x_2+2x_3=0, \\ 3x_1+x_2+2x_3=4, \\ x_1+2x_2-x_3=3. \end{cases}$

7. 问 λ、μ 取何值时，齐次线性方程组 $\begin{cases} \lambda x_1+x_2+x_3=0, \\ x_1+\mu x_2+x_3=0, \\ x_1+2\mu x_2+x_3=0 \end{cases}$ 有非零解？

8. 有甲、乙、丙三种化肥，甲种化肥每千克含氮 70 g、磷 8 g、钾 2 g；乙种化肥每千克含氮 64 g、磷 10 g、钾 0.6 g；丙种化肥每千克含氮 70 g、磷 5 g、钾 1.4 g. 若把此三种化肥混合，要求总重量 23 kg 且含磷 149 g、钾 30 g，问三种化肥各需多少千克？(要求：列方程组，用克拉默法则解答.)

知识拓展

数学家的故事
——刘徽

第二章

矩阵及其运算

线性方程组的求解是线性代数要研究的重要问题之一，而矩阵是求解线性方程组的核心工具.矩阵理论在自然科学、商业、经济学、社会学、电子学、工程学以及物理学等领域有着广泛的应用，是一些实际问题得以解决的基本工具.本章主要介绍了矩阵的运算、矩阵的秩及其逆的求法、分块矩阵等.

第一节 矩阵的概念

知识引入

贝贝和欢欢一起玩儿“石头、剪刀、布”游戏，当贝贝和欢欢各自选定一种出法的时候，就确定了一个“结果”，可以据此定出各自的输赢.规定赢的一方得 1 分，输的一方得 −1 分，平手时各得 0 分.

如何用数表形式对上述各种可能的“结果”下贝贝的得分情况进行表述？

知识准备

一、矩阵的定义

贝贝的得分情况见表 2-1.

表 2-1

欢欢	贝贝		
	石头	剪刀	布
石头	0	−1	1
剪刀	1	0	−1
布	−1	1	0

为了研究方便，把表中的数据用数表形式表述为

$$\begin{pmatrix} 0 & -1 & 1 \\ 1 & 0 & -1 \\ -1 & 1 & 0 \end{pmatrix},$$

数学上把这种数表称为**矩阵**.

由 $m\times n$ 个数排成的一个 m 行 n 列的矩阵数表

$$\begin{pmatrix} a_{11} & a_{12} & \cdots & a_{1n} \\ a_{21} & a_{22} & \cdots & a_{2n} \\ \vdots & \vdots & & \vdots \\ a_{m1} & a_{m2} & \cdots & a_{mn} \end{pmatrix}$$

称为 **m 行 n 列矩阵**，简称 **$m\times n$ 矩阵**，常用大写黑体字母 $\boldsymbol{A}$、$\boldsymbol{B}$、$\boldsymbol{C}$…表示，m 行 n 列矩阵也记作 $\boldsymbol{A}_{m\times n}$ 或 $(a_{ij})_{m\times n}$，其中 m 为**矩阵的行数**，n 为**矩阵的列数**，a_{ij} 称为**矩阵的第 i 行第 j 列元素**（简称**元**）.

元素是实数的矩阵称为**实矩阵**，元素是复数的矩阵称为**复矩阵**.

二、同型矩阵

两个矩阵的行数和列数分别相等时，就称它们是**同型矩阵**.

如果矩阵 $\boldsymbol{A}=(a_{ij})$ 与 $\boldsymbol{B}=(b_{ij})$ 是同型矩阵，且各对应元素也相等，则称 **$\boldsymbol{A}$ 与 $\boldsymbol{B}$ 相等**，记作 $\boldsymbol{A}=\boldsymbol{B}$.

知识巩固

例 1 设 $\boldsymbol{A}=\begin{pmatrix} a & 5 \\ 3 & a+b \end{pmatrix}$，$\boldsymbol{B}=\begin{pmatrix} 1 & d \\ c & 7 \end{pmatrix}$，如果 $\boldsymbol{A}=\boldsymbol{B}$，求 a、b、c、d.

解 由 $\boldsymbol{A}=\boldsymbol{B}$，可得 $\begin{cases} a=1, \\ 5=d, \\ 3=c, \\ a+b=7. \end{cases}$

解方程组得 $\begin{cases} a=1, \\ b=6, \\ c=3, \\ d=5. \end{cases}$

知识准备

三、几种特殊矩阵

1. 方阵

已知矩阵 $\boldsymbol{A}=\begin{pmatrix} a_{11} & a_{12} & \cdots & a_{1n} \\ a_{21} & a_{22} & \cdots & a_{2n} \\ \vdots & \vdots & & \vdots \\ a_{m1} & a_{m2} & \cdots & a_{mn} \end{pmatrix}$，当 $m=n$ 时，称矩阵 $\boldsymbol{A}_{n\times n}$ 为 **n 阶方阵**，简记为 $\boldsymbol{A}_n$.

2. 行(列)矩阵

只有一行的矩阵称为**行矩阵**;只有一列的矩阵称为**列矩阵**.

例如:$(a_{11} \quad a_{12} \quad a_{13})$, $\begin{pmatrix} a_{11} \\ a_{21} \\ a_{31} \\ a_{41} \end{pmatrix}$.

3. 对角矩阵

除了主对角线上的元素以外,其余元素全为零的方阵称为**对角矩阵**.例如:

$$\boldsymbol{A}=\begin{pmatrix} a_{11} & 0 & \cdots & 0 \\ 0 & a_{22} & \cdots & 0 \\ \vdots & \vdots & & \vdots \\ 0 & 0 & \cdots & a_{nn} \end{pmatrix}.$$

4. 单位矩阵

主对角线上的元素全为 1,其余元素全为零的 n 阶方阵称为 **n 阶单位矩阵**,简称 **n 阶单位阵**,记作 $\boldsymbol{E}_n$ 或 $\boldsymbol{I}_n$.

例如:$\boldsymbol{E}_2=\begin{pmatrix} 1 & 0 \\ 0 & 1 \end{pmatrix}$表示 2 阶单位阵.

5. 零矩阵

所有元素全是零的矩阵称为**零矩阵**,记为 $\boldsymbol{O}$.

例如:$\boldsymbol{O}_{2\times 3}=\begin{pmatrix} 0 & 0 & 0 \\ 0 & 0 & 0 \end{pmatrix}$是 2 行 3 列的零矩阵.

知识巩固

例 2 某市某户居民第一季度每个月水(单位:t)、电(单位:kW·h)、天然气(单位:m^3)的使用情况见表 2-2.

表 2-2

月份	居民水、电、天然气使用情况		
	水/t	电/kW·h	天然气/m^3
1	8	120	30
2	10	180	40
3	7	130	32

用矩阵的形式来描述上述数据.

解　上述数据可以用 3 阶方阵来表示,有

$$\boldsymbol{A}=\begin{pmatrix}8 & 120 & 30\\10 & 180 & 40\\7 & 130 & 32\end{pmatrix}.$$

课后练习

1. 把线性方程组 $\begin{cases}x_1-5x_2+2x_3-3x_4=5,\\2x_1+4x_2+2x_3+x_4=-1,\\5x_1+3x_2+6x_3-x_4=6\end{cases}$ 中的系数和常数项按原来的顺序写成一个 3 行 5 列的矩阵.

2. 写出矩阵 $\boldsymbol{A}=\begin{pmatrix}3 & 9 & 0\\-7 & 1 & 4\\7 & 10 & 2\end{pmatrix}$ 的元素 a_{21}、a_{32}.

3. 当 $\begin{pmatrix}2 & x & 1\\4 & 3 & 3y\end{pmatrix}=\begin{pmatrix}2 & -x & 1\\y & 3 & z\end{pmatrix}$ 时,x、y、z 的值各为多少?

第二节　矩 阵 的 运 算

知识引入

设甲、乙两家公司生产Ⅰ、Ⅱ、Ⅲ三种型号的计算机,月产量(单位:台)见表 2-3.

表 2-3

公司	月产量/台		
	Ⅰ	Ⅱ	Ⅲ
甲	25	20	18
乙	24	16	27

如果生产这三种型号的计算机每台的利润(单位:万元),见表 2-4.

表 2-4

型号	每台的利润/万元
Ⅰ	0.5
Ⅱ	0.2
Ⅲ	0.7

那么这两家公司的月利润(单位:万元)各为多少?

知识准备

一、矩阵的线性运算

定义 1 设 $\boldsymbol{A}=(a_{ij})_{m\times n}$ 和 $\boldsymbol{B}=(b_{ij})_{m\times n}$ 是两个同型矩阵,则矩阵 $\boldsymbol{A}$ 与 $\boldsymbol{B}$ 的和记为 $\boldsymbol{A}+\boldsymbol{B}$,规定

$$\boldsymbol{A}+\boldsymbol{B}=\begin{pmatrix} a_{11}+b_{11} & a_{12}+b_{12} & \cdots & a_{1n}+b_{1n} \\ a_{21}+b_{21} & a_{22}+b_{22} & \cdots & a_{2n}+b_{2n} \\ \vdots & \vdots & & \vdots \\ a_{m1}+b_{m1} & a_{m2}+b_{m2} & \cdots & a_{mn}+b_{mn} \end{pmatrix}.$$

同型矩阵的加法就是两个矩阵对应位置上元素的加法,由此易知矩阵的加法满足如下的运算规律.

设 $\boldsymbol{A}$、$\boldsymbol{B}$、$\boldsymbol{C}$ 是任意三个 $m\times n$ 矩阵,则有

(1) 交换律:$\boldsymbol{A}+\boldsymbol{B}=\boldsymbol{B}+\boldsymbol{A}$;

(2) 结合律:$(\boldsymbol{A}+\boldsymbol{B})+\boldsymbol{C}=\boldsymbol{A}+(\boldsymbol{B}+\boldsymbol{C})$.

对于矩阵 $\boldsymbol{A}=(a_{ij})_{m\times n}$,称矩阵 $(-a_{ij})_{m\times n}$ 为矩阵 $\boldsymbol{A}$ 的**负矩阵**,记为 $-\boldsymbol{A}$.由此可以定义矩阵 $\boldsymbol{A}=(a_{ij})_{m\times n}$ 和 $\boldsymbol{B}=(b_{ij})_{m\times n}$ 的减法为

$$\boldsymbol{A}-\boldsymbol{B}=\boldsymbol{A}+(-\boldsymbol{B})=(a_{ij}-b_{ij})_{m\times n}.$$

定义 2 设 $\boldsymbol{A}=(a_{ij})_{m\times n}$, k 是任意一个实数,用数 k 乘以矩阵 $\boldsymbol{A}=(a_{ij})_{m\times n}$ 的所有元素所得到的新矩阵,称为 $\boldsymbol{A}$ 的**数乘矩阵**,记作 $k\boldsymbol{A}$,即

$$k\boldsymbol{A}=(ka_{ij})_{m\times n}=\begin{pmatrix} ka_{11} & ka_{12} & \cdots & ka_{1n} \\ ka_{21} & ka_{22} & \cdots & ka_{2n} \\ \vdots & \vdots & & \vdots \\ ka_{m1} & ka_{m2} & \cdots & ka_{mn} \end{pmatrix}.$$

如果 k、l 是任意两个数,$\boldsymbol{A}$ 和 $\boldsymbol{B}$ 是任意两个 $m\times n$ 矩阵,则矩阵的数乘运算满足:

(1) $k(\boldsymbol{A}+\boldsymbol{B})=k\boldsymbol{A}+k\boldsymbol{B}$;

(2) $(k+l)\boldsymbol{A}=k\boldsymbol{A}+l\boldsymbol{A}$;

(3) $(kl)\boldsymbol{A}=k(l\boldsymbol{A})=l(k\boldsymbol{A})$.

矩阵的加法和矩阵的数乘统称为**矩阵的线性运算**.

知识巩固

例 1 求矩阵 $\boldsymbol{X}$ 使 $2\boldsymbol{A}+3\boldsymbol{X}=2\boldsymbol{B}$,其中

$$\boldsymbol{A}=\begin{pmatrix}2&0&5\\-6&1&0\end{pmatrix},\ \boldsymbol{B}=\begin{pmatrix}1&3&-1\\0&-2&1\end{pmatrix}.$$

解 由 $2\boldsymbol{A}+3\boldsymbol{X}=2\boldsymbol{B}$ 得 $3\boldsymbol{X}=2\boldsymbol{B}-2\boldsymbol{A}=2(\boldsymbol{B}-\boldsymbol{A})$,于是

$$\boldsymbol{X}=\frac{2}{3}(\boldsymbol{B}-\boldsymbol{A})=\begin{pmatrix}-\frac{2}{3}&2&-4\\4&-2&\frac{2}{3}\end{pmatrix}.$$

知识准备

二、矩阵的乘法

定义 3 设矩阵 $\boldsymbol{A}=(a_{ij})_{m\times s}$, $\boldsymbol{B}=(b_{ij})_{s\times n}$,则矩阵 $\boldsymbol{A}$ 与矩阵 $\boldsymbol{B}$ 的乘积记为 $\boldsymbol{C}=\boldsymbol{AB}$,规定 $\boldsymbol{C}=(c_{ij})_{m\times n}$,其中

$$c_{ij}=a_{i1}b_{1j}+a_{i2}b_{2j}+\cdots+a_{is}b_{sj}=\sum_{k=1}^{s}a_{ik}b_{kj}\ (i=1,2,\cdots,m;\ j=1,2,\cdots,n).$$

注意:只有当第一个矩阵(左边的矩阵)的列数与第二个矩阵(右边的矩阵)的行数相等时,两个矩阵才能相乘.

知识巩固

例 2 求矩阵 $\boldsymbol{A}=\begin{pmatrix}1&0&3&-1\\2&1&0&2\end{pmatrix}$, $\boldsymbol{B}=\begin{pmatrix}4&1&0\\-1&1&3\\2&0&1\\1&3&4\end{pmatrix}$ 的乘积 $\boldsymbol{AB}$.

解 因为 $\boldsymbol{A}$ 是 2×4 矩阵,$\boldsymbol{B}$ 是 4×3 矩阵,$\boldsymbol{A}$ 的列数等于 $\boldsymbol{B}$ 的行数,所以矩阵 $\boldsymbol{A}$ 和 $\boldsymbol{B}$ 可以相乘,其乘积 $\boldsymbol{AB}=\boldsymbol{C}$ 是一个 2×3 矩阵,按定义 3 得

$$C=AB=\begin{pmatrix}1&0&3&-1\\2&1&0&2\end{pmatrix}\begin{pmatrix}4&1&0\\-1&1&3\\2&0&1\\1&3&4\end{pmatrix}=\begin{pmatrix}9&-2&-1\\9&9&11\end{pmatrix}.$$

注意:(1) 条件:左矩阵 $\boldsymbol{A}$ 的列数等于右矩阵 $\boldsymbol{B}$ 的行数;

(2) 方法:左行右列法——矩阵乘积 $\boldsymbol{C}$ 的元素 c_{ij} 等于左矩阵 $\boldsymbol{A}$ 的第 i 行与右矩阵 $\boldsymbol{B}$ 的第 j 列对应元素的乘积之和;

(3) 结果:左行右列——左矩阵 $\boldsymbol{A}$ 的行数为乘积 $\boldsymbol{C}$ 的行数,右矩阵 $\boldsymbol{B}$ 的列数为乘积 $\boldsymbol{C}$ 的列数.

例 3　设 $\boldsymbol{A}=\begin{pmatrix}1&1\\-1&-1\end{pmatrix}$, $\boldsymbol{B}=\begin{pmatrix}1&-1\\-1&1\end{pmatrix}$,求 $\boldsymbol{AB}$, $\boldsymbol{BA}$.

解

$$AB=\begin{pmatrix}1&1\\-1&-1\end{pmatrix}\begin{pmatrix}1&-1\\-1&1\end{pmatrix}=\begin{pmatrix}0&0\\0&0\end{pmatrix},$$

$$BA=\begin{pmatrix}1&-1\\-1&1\end{pmatrix}\begin{pmatrix}1&1\\-1&-1\end{pmatrix}=\begin{pmatrix}2&2\\-2&-2\end{pmatrix}.$$

在例 2 中,$\boldsymbol{A}$ 是 2×4 矩阵,$\boldsymbol{B}$ 是 4×3 矩阵,所以乘积 $\boldsymbol{AB}$ 有意义,而矩阵 $\boldsymbol{B}$ 与 $\boldsymbol{A}$ 却不能相乘.在例 3 中,虽然乘积 $\boldsymbol{AB}$ 与乘积 $\boldsymbol{BA}$ 都有意义,但是 $\boldsymbol{AB}\neq\boldsymbol{BA}$,此外,尽管 $\boldsymbol{A}\neq\boldsymbol{O}$, $\boldsymbol{B}\neq\boldsymbol{O}$,仍有 $\boldsymbol{AB}=\boldsymbol{O}$.所以,在做矩阵乘法时,需要注意以下几点.

(1) 矩阵乘法不满足交换律,即一般情况下,$\boldsymbol{AB}\neq\boldsymbol{BA}$;

(2) 尽管矩阵 $\boldsymbol{AB}=\boldsymbol{O}$,但是得不出 $\boldsymbol{A}=\boldsymbol{O}$ 或者 $\boldsymbol{B}=\boldsymbol{O}$ 的结论.

矩阵乘法满足下列的运算规律(假设运算都是成立的).

(1) 结合律:$(\boldsymbol{AB})\boldsymbol{C}=\boldsymbol{A}(\boldsymbol{BC})$;

(2) 分配律:$(\boldsymbol{A}+\boldsymbol{B})\boldsymbol{C}=\boldsymbol{AC}+\boldsymbol{BC}$, $\boldsymbol{C}(\boldsymbol{A}+\boldsymbol{B})=\boldsymbol{CA}+\boldsymbol{CB}$;

(3) 设 k 为任意数,$k(\boldsymbol{AB})=(k\boldsymbol{A})\boldsymbol{B}=\boldsymbol{A}(k\boldsymbol{B})$.

知识准备

三、矩阵的转置

定义 4　设 $m\times n$ 矩阵 $\boldsymbol{A}=\begin{pmatrix}a_{11}&a_{12}&\cdots&a_{1n}\\a_{21}&a_{22}&\cdots&a_{2n}\\\vdots&\vdots&&\vdots\\a_{m1}&a_{m2}&\cdots&a_{mn}\end{pmatrix}$,把矩阵 $\boldsymbol{A}$ 的行换成同序数的列,得

到的 $n\times m$ 矩阵 $\begin{pmatrix} a_{11} & a_{21} & \cdots & a_{m1} \\ a_{12} & a_{22} & \cdots & a_{m2} \\ \vdots & \vdots & & \vdots \\ a_{1n} & a_{2n} & \cdots & a_{mn} \end{pmatrix}$ 称为 $\boldsymbol{A}$ 的**转置矩阵**,记作 $\boldsymbol{A}^{\mathrm{T}}$,即

$$\boldsymbol{A}^{\mathrm{T}}=\begin{pmatrix} a_{11} & a_{21} & \cdots & a_{m1} \\ a_{12} & a_{22} & \cdots & a_{m2} \\ \vdots & \vdots & & \vdots \\ a_{1n} & a_{2n} & \cdots & a_{mn} \end{pmatrix}.$$

矩阵的转置是一种运算,它满足下列运算律(假设运算都是成立的):

(1) $(\boldsymbol{A}^{\mathrm{T}})^{\mathrm{T}}=\boldsymbol{A}$;　(2) $(\boldsymbol{A}+\boldsymbol{B})^{\mathrm{T}}=\boldsymbol{A}^{\mathrm{T}}+\boldsymbol{B}^{\mathrm{T}}$;

(3) $(k\boldsymbol{A})^{\mathrm{T}}=k\boldsymbol{A}^{\mathrm{T}}$($k$ 是常数);　(4) $(\boldsymbol{AB})^{\mathrm{T}}=\boldsymbol{B}^{\mathrm{T}}\boldsymbol{A}^{\mathrm{T}}$.

知识巩固

例 4　已知 $\boldsymbol{A}=\begin{pmatrix} 1 & 0 \\ 2 & 3 \\ 4 & 5 \end{pmatrix}$, $\boldsymbol{B}=\begin{pmatrix} 2 & 1 \\ 4 & 3 \end{pmatrix}$,求 $(\boldsymbol{AB})^{\mathrm{T}}$, $\boldsymbol{B}^{\mathrm{T}}\boldsymbol{A}^{\mathrm{T}}$.

解

$$\boldsymbol{AB}=\begin{pmatrix} 1 & 0 \\ 2 & 3 \\ 4 & 5 \end{pmatrix}\begin{pmatrix} 2 & 1 \\ 4 & 3 \end{pmatrix}=\begin{pmatrix} 2 & 1 \\ 16 & 11 \\ 28 & 19 \end{pmatrix},$$

所以

$$(\boldsymbol{AB})^{\mathrm{T}}=\begin{pmatrix} 2 & 16 & 28 \\ 1 & 11 & 19 \end{pmatrix},$$

而且

$$\boldsymbol{B}^{\mathrm{T}}\boldsymbol{A}^{\mathrm{T}}=\begin{pmatrix} 2 & 4 \\ 1 & 3 \end{pmatrix}\begin{pmatrix} 1 & 2 & 4 \\ 0 & 3 & 5 \end{pmatrix}=\begin{pmatrix} 2 & 16 & 28 \\ 1 & 11 & 19 \end{pmatrix},$$

显然

$$(\boldsymbol{AB})^{\mathrm{T}}=\boldsymbol{B}^{\mathrm{T}}\boldsymbol{A}^{\mathrm{T}}.$$

知识准备

定义 5　n 阶方阵 $\boldsymbol{A}$ 如果满足 $\boldsymbol{A}^{\mathrm{T}}=\boldsymbol{A}$,则称 $\boldsymbol{A}$ 为**对称矩阵**;如果满足 $\boldsymbol{A}^{\mathrm{T}}=-\boldsymbol{A}$,则称 $\boldsymbol{A}$ 为**反对称矩阵**.

由定义 5 可知,如果 n 阶方阵 $\boldsymbol{A}=(a_{ij})$ 是对称矩阵,则 $a_{ij}=a_{ji}(i, j=1, 2, \cdots, n)$;如果 n 阶方阵 $\boldsymbol{A}=(a_{ij})$ 是反对称矩阵,则 $a_{ij}=-a_{ji}$ 且 $a_{ii}=0(i, j=1, 2, \cdots, n)$.

知识巩固

例 5 设矩阵 $\boldsymbol{A}$ 是 $m\times n$ 矩阵,证明 $\boldsymbol{A}^{\mathrm{T}}\boldsymbol{A}$ 和 $\boldsymbol{A}\boldsymbol{A}^{\mathrm{T}}$ 都是对称矩阵.

证明 因为

$$(\boldsymbol{A}^{\mathrm{T}}\boldsymbol{A})^{\mathrm{T}}=\boldsymbol{A}^{\mathrm{T}}(\boldsymbol{A}^{\mathrm{T}})^{\mathrm{T}}=\boldsymbol{A}^{\mathrm{T}}\boldsymbol{A},\ (\boldsymbol{A}\boldsymbol{A}^{\mathrm{T}})^{\mathrm{T}}=(\boldsymbol{A}^{\mathrm{T}})^{\mathrm{T}}\boldsymbol{A}^{\mathrm{T}}=\boldsymbol{A}\boldsymbol{A}^{\mathrm{T}},$$

所以 $\boldsymbol{A}^{\mathrm{T}}\boldsymbol{A}$ 和 $\boldsymbol{A}\boldsymbol{A}^{\mathrm{T}}$ 都是对称矩阵.

知识应用

下面来解答本节开始引入的问题.

可构造矩阵,令月产量为矩阵 $\boldsymbol{A}=\begin{pmatrix}25 & 20 & 18\\ 24 & 16 & 27\end{pmatrix}=\begin{pmatrix}a_{11} & a_{12} & a_{13}\\ a_{21} & a_{22} & a_{23}\end{pmatrix}$,利润为矩阵 $\boldsymbol{B}=\begin{pmatrix}0.5\\ 0.2\\ 0.7\end{pmatrix}=\begin{pmatrix}b_{11}\\ b_{21}\\ b_{31}\end{pmatrix}$,则月利润为矩阵 $\boldsymbol{C}$,且 $\boldsymbol{C}=\boldsymbol{A}\boldsymbol{B}$,有

$$\begin{aligned}\boldsymbol{C}&=\begin{pmatrix}a_{11} & a_{12} & a_{13}\\ a_{21} & a_{22} & a_{23}\end{pmatrix}\begin{pmatrix}b_{11}\\ b_{21}\\ b_{31}\end{pmatrix}=\begin{pmatrix}a_{11}b_{11}+a_{12}b_{21}+a_{13}b_{31}\\ a_{21}b_{11}+a_{22}b_{21}+a_{23}b_{31}\end{pmatrix}\\ &=\begin{pmatrix}25\times0.5+20\times0.2+18\times0.7\\ 24\times0.5+16\times0.2+27\times0.7\end{pmatrix}=\begin{pmatrix}29.1\\ 34.1\end{pmatrix},\end{aligned}$$

甲公司每月的利润为 29.1 万元,乙公司的利润为 34.1 万元.

知识准备

四、方阵行列式

定义 6 由 n 阶方阵 $\boldsymbol{A}=\begin{pmatrix}a_{11} & a_{12} & \cdots & a_{1n}\\ a_{21} & a_{22} & \cdots & a_{2n}\\ \vdots & \vdots & & \vdots\\ a_{n1} & a_{n2} & \cdots & a_{nn}\end{pmatrix}$ 的元素所构成的行列式(各元素的位

置不变)称为**方阵 A 的行列式**,记作$|A|$,即$|A|=\begin{vmatrix} a_{11} & a_{12} & \cdots & a_{1n} \\ a_{21} & a_{22} & \cdots & a_{2n} \\ \vdots & \vdots & & \vdots \\ a_{n1} & a_{n2} & \cdots & a_{nn} \end{vmatrix}$.

注意:如果矩阵 A 不是方阵,就不能对 A 取行列式.

方阵 A 的行列式满足下列运算规律(假设运算都是可行的):

(1) $|A^{T}|=|A|$; (2) $|\lambda A|=\lambda^{n}|A|$($\lambda$ 是常数);

(3) $|AB|=|A||B|$(此式称为**行列式乘法公式**).

知识巩固

例 6 已知 $A=\begin{pmatrix} 3 & 2 \\ 4 & 5 \end{pmatrix}$, $B=\begin{pmatrix} 5 & 3 \\ 4 & 2 \end{pmatrix}$,求$|A|$, $|B|$, $|3A|$, $|AB|$.

解

$$|A|=\begin{vmatrix} 3 & 2 \\ 4 & 5 \end{vmatrix}=7,\ |B|=\begin{vmatrix} 5 & 3 \\ 4 & 2 \end{vmatrix}=-2,$$

$$|3A|=3^{2}|A|=63,\ |AB|=|A||B|=-14.$$

课后练习

1. 设等式$\begin{pmatrix} 1 & 2 \\ a & b \end{pmatrix}+\begin{pmatrix} x & y \\ 3 & 4 \end{pmatrix}=\begin{pmatrix} 3 & -4 \\ 7 & 1 \end{pmatrix}$成立,求 a、b、x、y.

2. 设 $A=\begin{pmatrix} 3 & -1 & 2 \\ 2 & 1 & -2 \end{pmatrix}$, $B=\begin{pmatrix} 1 & 5 & 1 \\ -2 & -1 & 0 \end{pmatrix}$,计算

(1) $A+2B$, $3A-B$; (2) AB^{T}, $A^{T}B$.

3. 设矩阵 $A=\begin{pmatrix} 1 & -3 \\ 1 & 2 \end{pmatrix}$, $B=\begin{pmatrix} 2 & 0 \\ 3 & -1 \end{pmatrix}$,求$(A+B)(A-B)$.

4. 设矩阵 $A=\begin{pmatrix} 1 & 0 & 0 \\ 0 & 1 & 2 \\ 0 & 2 & 1 \end{pmatrix}$, $B=\begin{pmatrix} 1 & 0 & 0 \\ 0 & 2 & 5 \\ 0 & 5 & 2 \end{pmatrix}$,求 $A^{2}+3A-2B$.

5. 已知 A 为 5 阶方阵,B 为 4 阶方阵,且$|A|=3$, $|B|=2$,求$|2A|+|3B|$.

第三节 逆矩阵

知识引入

设给定一个线性变换

$$\begin{cases} y_1=a_{11}x_1+a_{12}x_2+\cdots+a_{1n}x_n, \\ y_2=a_{21}x_1+a_{22}x_2+\cdots+a_{2n}x_n, \\ \cdots\cdots\cdots\cdots \\ y_n=a_{n1}x_1+a_{n2}x_2+\cdots+a_{nn}x_n, \end{cases} \tag{2-1}$$

它的系数矩阵是一个 n 阶矩阵 $\boldsymbol{A}$，若记

$$\boldsymbol{X}=\begin{pmatrix} x_1 \\ x_2 \\ \vdots \\ x_n \end{pmatrix},\ \boldsymbol{Y}=\begin{pmatrix} y_1 \\ y_2 \\ \vdots \\ y_n \end{pmatrix},$$

则线性变换(2-1)记为

$$\boldsymbol{Y}=\boldsymbol{AX}. \tag{2-2}$$

转化为 $\boldsymbol{Y}$ 到 $\boldsymbol{X}$ 的线性变换：$\boldsymbol{A}^*\boldsymbol{Y}=\boldsymbol{A}^*\boldsymbol{AX}$，即 $\boldsymbol{A}^*\boldsymbol{Y}=|\boldsymbol{A}|\boldsymbol{X}$.

当 $|\boldsymbol{A}|\neq 0$ 时，可解出

$$\boldsymbol{X}=\frac{1}{|\boldsymbol{A}|}\boldsymbol{A}^*\boldsymbol{Y},$$

记 $\boldsymbol{B}=\dfrac{1}{|\boldsymbol{A}|}\boldsymbol{A}^*$，上式可记作

$$\boldsymbol{X}=\boldsymbol{BY}. \tag{2-3}$$

(2-3)式表示一个从 $\boldsymbol{Y}$ 到 $\boldsymbol{X}$ 的线性变换，称为线性变换(2-2)的**逆变换**.

从(2-2)、(2-3)两式分析变换所对应的方阵 $\boldsymbol{A}$ 与逆变换所对应的方阵 $\boldsymbol{B}$ 之间的关系，用(2-3)式代入(2-2)式，可得

$$\boldsymbol{Y}=\boldsymbol{A}(\boldsymbol{BY})=(\boldsymbol{AB})\boldsymbol{Y},$$

可见 $\boldsymbol{AB}$ 为恒等变换所对应的矩阵，故 $\boldsymbol{AB}=\boldsymbol{E}$.用(2-2)式代入(2-3)式得

$$X=B(AX)=(BA)X,$$

可知 $BA=E$，于是有

$$AB=BA=E.$$

由此引入逆矩阵的定义.

知识准备

一、逆矩阵的定义

定义 1 对于 $A_{n\times n}$，若有 $B_{n\times n}$ 满足 $AB=BA=E$，则称 A 为**可逆矩阵**，B 为 A 的逆矩阵，记作 $A^{-1}=B$.

定理 1 若 $A_{n\times n}$ 为可逆矩阵，则 A 的逆矩阵唯一.

证明 设 B 与 C 都是 A 的逆矩阵，则有

$$AB=BA=E,\ AC=CA=E,$$
$$B=BE=B(AC)=(BA)C=EC=C.$$

二、逆矩阵的性质

设 A 和 B 为同阶可逆方阵，数 $k\neq 0$，则

(1) $(A^{-1})^{-1}=A$;

(2) $(A^{T})^{-1}=(A^{-1})^{T}$;

(3) $(kA)^{-1}=\frac{1}{k}A^{-1}$;

(4) AB 可逆，且 $(AB)^{-1}=B^{-1}A^{-1}$.

三、逆矩阵的计算

矩阵的逆的存在性问题也是线性代数中研究的重要内容，为了判别逆的存在性，先学习一下矩阵可逆的判别定理.

定义 2 矩阵 $\begin{pmatrix} A_{11} & A_{21} & \cdots & A_{n1} \\ A_{12} & A_{22} & \cdots & A_{n2} \\ \vdots & \vdots & & \vdots \\ A_{1n} & A_{2n} & \cdots & A_{nn} \end{pmatrix}$ 称为矩阵 A 的**伴随矩阵**，记作 A^{*}，其中，A_{ij} 是 $|A|$ 中元素 a_{ij} 的代数余子式.

定理 2 矩阵 $\boldsymbol{A}$ 可逆的充要条件是 n 阶行列式 $|\boldsymbol{A}|\neq 0$，且 $\boldsymbol{A}^{-1}=\dfrac{1}{|\boldsymbol{A}|}\boldsymbol{A}^{*}$.

证明

必要性：已知 $\boldsymbol{A}$ 可逆，则有 $\boldsymbol{A}^{-1}$ 存在，且

$$\boldsymbol{A}\boldsymbol{A}^{-1}=\boldsymbol{E}\Rightarrow|\boldsymbol{A}|\cdot|\boldsymbol{A}^{-1}|=1\Rightarrow|\boldsymbol{A}|\neq 0.$$

充分性：已知 $|\boldsymbol{A}|\neq 0$，则有

$$\boldsymbol{A}\boldsymbol{A}^{*}=\boldsymbol{A}^{*}\boldsymbol{A}=|\boldsymbol{A}|\boldsymbol{E}\Rightarrow\boldsymbol{A}\frac{\boldsymbol{A}^{*}}{|\boldsymbol{A}|}=\frac{\boldsymbol{A}^{*}}{|\boldsymbol{A}|}\boldsymbol{A}=\boldsymbol{E}.$$

由定义知 $\boldsymbol{A}$ 为可逆矩阵，且 $\boldsymbol{A}^{-1}=\dfrac{1}{|\boldsymbol{A}|}\boldsymbol{A}^{*}$.

【注】 (1) 当 $|\boldsymbol{A}|=0$ 时，$\boldsymbol{A}$ 称为**奇异矩阵**，否则称为**非奇异矩阵**；

(2) 用伴随矩阵求逆矩阵的方法称为**伴随矩阵法**.

知识巩固

例 1 求矩阵 $\boldsymbol{A}=\begin{pmatrix}a & b\\ c & d\end{pmatrix}$ 的逆矩阵.

解 $|\boldsymbol{A}|=\begin{vmatrix}a & b\\ c & d\end{vmatrix}=ad-bc$，当 $ad-bc\neq 0$，矩阵 $\boldsymbol{A}$ 可逆，又由于 $\boldsymbol{A}$ 的伴随矩阵 $\boldsymbol{A}^{*}=\begin{pmatrix}d & -b\\ -c & a\end{pmatrix}$，所以 $\boldsymbol{A}^{-1}=\dfrac{1}{|\boldsymbol{A}|}\boldsymbol{A}^{*}=\dfrac{1}{ad-bc}\begin{pmatrix}d & -b\\ -c & a\end{pmatrix}$.

例 2 判断矩阵 $\boldsymbol{A}=\begin{pmatrix}1 & 2 & 3\\ 2 & 3 & 1\\ 3 & 1 & 2\end{pmatrix}$ 是否可逆，若可逆，用伴随矩阵法求逆矩阵.

解 因为 $|\boldsymbol{A}|=-18\neq 0$，所以 $\boldsymbol{A}$ 可逆，且

$$\boldsymbol{A}_{11}=(-1)^{1+1}\begin{vmatrix}3 & 1\\ 1 & 2\end{vmatrix}=5,\ \boldsymbol{A}_{12}-(-1)^{1+2}\begin{vmatrix}2 & 1\\ 3 & 2\end{vmatrix}=-1,\ \boldsymbol{A}_{13}=(-1)^{1+3}\begin{vmatrix}2 & 3\\ 3 & 1\end{vmatrix}=-7,$$

$$\boldsymbol{A}_{21}=(-1)^{2+1}\begin{vmatrix}2 & 3\\ 1 & 2\end{vmatrix}=-1,\ \boldsymbol{A}_{22}=(-1)^{2+2}\begin{vmatrix}1 & 3\\ 3 & 2\end{vmatrix}=-7,\ \boldsymbol{A}_{23}=(-1)^{2+3}\begin{vmatrix}1 & 2\\ 3 & 1\end{vmatrix}=5,$$

$$\boldsymbol{A}_{31}=(-1)^{3+1}\begin{vmatrix}2 & 3\\ 3 & 1\end{vmatrix}=-7,\ \boldsymbol{A}_{32}=(-1)^{3+2}\begin{vmatrix}1 & 3\\ 2 & 1\end{vmatrix}=5,\ \boldsymbol{A}_{33}=(-1)^{3+3}\begin{vmatrix}1 & 2\\ 2 & 3\end{vmatrix}=-1,$$

于是 $\boldsymbol{A}$ 的伴随矩阵为

$$A^*=\begin{pmatrix}5&-1&-7\\-1&-7&5\\-7&5&-1\end{pmatrix},$$

A 的逆矩阵为

$$A^{-1}=\frac{1}{|A|}A^*=\frac{1}{-18}\begin{pmatrix}5&-1&-7\\-1&-7&5\\-7&5&-1\end{pmatrix}=\begin{pmatrix}-\frac{5}{18}&\frac{1}{18}&\frac{7}{18}\\\frac{1}{18}&\frac{7}{18}&-\frac{5}{18}\\\frac{7}{18}&-\frac{5}{18}&\frac{1}{18}\end{pmatrix}.$$

【注】 矩阵方程求解有如下运算法则.

设 $A_{m\times m}$ 可逆,$B_{n\times n}$ 可逆,且 $C_{m\times n}$ 已知,则

(1) $AX=C\Rightarrow X=A^{-1}C$;

(2) $XB=C\Rightarrow X=CB^{-1}$;

(3) $AXB=C\Rightarrow X=A^{-1}CB^{-1}$.

例 3 设 $A=\begin{pmatrix}5&-1&0\\-2&3&1\\2&-1&6\end{pmatrix}$, $C=\begin{pmatrix}2&1\\2&0\\3&5\end{pmatrix}$,满足 $AX=C+2X$,求 X.

解 并项:$(A-2E)X=C$,则

$$\begin{aligned}X&=(A-2E)^{-1}C\\&=\frac{1}{5}\begin{pmatrix}5&4&-1\\10&12&-3\\0&1&1\end{pmatrix}\begin{pmatrix}2&1\\2&0\\3&5\end{pmatrix}=\begin{pmatrix}3&0\\7&-1\\1&1\end{pmatrix}.\end{aligned}$$

例 4 设 $A=\begin{pmatrix}1&1&-1\\-1&1&1\\1&-1&1\end{pmatrix}$满足 $A^*X=A^{-1}+2X$,求 X.

解 并项:$(A^*-2E)X=A^{-1}$,左乘 A,可得

$$(|A|E-2A)X=E,\ |A|=4,$$

所以

$$X=(4E-2A)^{-1}=\frac{1}{2}(2E-A)^{-1}=\frac{1}{4}\begin{pmatrix}1&1&0\\0&1&1\\1&0&1\end{pmatrix}.$$

课后练习

1. 用伴随矩阵法求矩阵 $\boldsymbol{A}=\begin{pmatrix}1&-1&0\\-1&2&1\\2&2&3\end{pmatrix}$ 的逆矩阵.

2. 求下列矩阵的逆阵.

(1) $\begin{pmatrix}1&2&-1\\3&4&-2\\5&-4&1\end{pmatrix}$；　　(2) $\begin{pmatrix}1&2\\2&5\end{pmatrix}$.

3. 解下列矩阵方程.

(1) $\begin{pmatrix}2&5\\1&3\end{pmatrix}\boldsymbol{X}=\begin{pmatrix}4&-6\\2&1\end{pmatrix}$；

(2) $\boldsymbol{X}\begin{pmatrix}2&1&-1\\2&1&0\\1&-1&1\end{pmatrix}=\begin{pmatrix}1&-1&3\\4&3&2\end{pmatrix}$；

(3) $\begin{pmatrix}1&4\\-1&2\end{pmatrix}\boldsymbol{X}\begin{pmatrix}2&0\\-1&1\end{pmatrix}=\begin{pmatrix}3&1\\0&-1\end{pmatrix}$.

第四节　矩阵分块法

知识引入

当矩阵的行数和列数较多时，为了证明或计算的方便，常把矩阵分成若干小块，把每个小块当作“数”来处理，这便是矩阵的分块.这一节将学习矩阵的分块方式和分块矩阵的计算.在学习这一节前，需要熟练掌握矩阵的线性运算、矩阵的乘法和矩阵的转置运算等.

知识准备

一、分块矩阵的概念

对于行数和列数较高的矩阵 $\boldsymbol{A}$，运算时常采用**分块法**，使大矩阵的运算化成小矩阵的运算.我们将矩阵 $\boldsymbol{A}$ 用若干条纵线和横线分成许多个小矩阵，每一个小矩阵称为 $\boldsymbol{A}$ 的**子块**,以子块为元素形式的矩阵称为**分块矩阵**.一个矩阵的分块方式会有很多种,例如将 3×4 矩阵

$$\boldsymbol{A}=\begin{pmatrix} a_{11} & a_{12} & a_{13} & a_{14} \\ a_{21} & a_{22} & a_{23} & a_{24} \\ a_{31} & a_{32} & a_{33} & a_{34} \end{pmatrix}$$

分成子块的分法很多,下面举出其 3 种分块形式.

$$(1)\ \left(\begin{array}{cc|cc} a_{11} & a_{12} & a_{13} & a_{14} \\ a_{21} & a_{22} & a_{23} & a_{24} \\ \hline a_{31} & a_{32} & a_{33} & a_{34} \end{array}\right);$$

$$(2)\ \left(\begin{array}{c|cc|c} a_{11} & a_{12} & a_{13} & a_{14} \\ a_{21} & a_{22} & a_{23} & a_{24} \\ \hline a_{31} & a_{32} & a_{33} & a_{34} \end{array}\right);$$

$$(3)\ \left(\begin{array}{c|c|c|c} a_{11} & a_{12} & a_{13} & a_{14} \\ a_{21} & a_{22} & a_{23} & a_{24} \\ a_{31} & a_{32} & a_{33} & a_{34} \end{array}\right).$$

分法(1)可记为

$$\boldsymbol{A}=\begin{pmatrix} \boldsymbol{A}_{11} & \boldsymbol{A}_{12} \\ \boldsymbol{A}_{21} & \boldsymbol{A}_{22} \end{pmatrix},$$

其中

$$\boldsymbol{A}_{11}=\begin{pmatrix} a_{11} & a_{12} \\ a_{21} & a_{22} \end{pmatrix},\ \boldsymbol{A}_{12}=\begin{pmatrix} a_{13} & a_{14} \\ a_{23} & a_{24} \end{pmatrix},$$

$$\boldsymbol{A}_{21}=(a_{31}\quad a_{32}),\ \boldsymbol{A}_{22}=(a_{33}\quad a_{34}),$$

即 $\boldsymbol{A}_{11}$、$\boldsymbol{A}_{12}$、$\boldsymbol{A}_{21}$、$\boldsymbol{A}_{22}$ 为 $\boldsymbol{A}$ 的子块,而 $\boldsymbol{A}$ 形式上成为以这些子块为元素的分块矩阵.分法(2)及分法(3)的分块矩阵及其子块可类似写出.

二、分块矩阵的运算

分块矩阵的运算规则与普通矩阵的运算规则相类似,分别说明如下.

1. 加(减)法运算

设矩阵 $\boldsymbol{A}$ 与 $\boldsymbol{B}$ 的行数相同、列数相同,采用相同的分块法,有

$$\boldsymbol{A}=\begin{pmatrix}\boldsymbol{A}_{11} & \cdots & \boldsymbol{A}_{1r}\\ \vdots & & \vdots\\ \boldsymbol{A}_{s1} & \cdots & \boldsymbol{A}_{sr}\end{pmatrix},\ \boldsymbol{B}=\begin{pmatrix}\boldsymbol{B}_{11} & \cdots & \boldsymbol{B}_{1r}\\ \vdots & & \vdots\\ \boldsymbol{B}_{s1} & \cdots & \boldsymbol{B}_{sr}\end{pmatrix},$$

其中 $\boldsymbol{A}_{ij}$ 与 $\boldsymbol{B}_{ij}$ 的行数相同、列数相同,那么

$$\boldsymbol{A}\pm\boldsymbol{B}=\begin{pmatrix}\boldsymbol{A}_{11}\pm\boldsymbol{B}_{11} & \cdots & \boldsymbol{A}_{1r}\pm\boldsymbol{B}_{1r}\\ \vdots & & \vdots\\ \boldsymbol{A}_{s1}\pm\boldsymbol{B}_{s1} & \cdots & \boldsymbol{A}_{sr}\pm\boldsymbol{B}_{sr}\end{pmatrix}.$$

2. 数乘运算

设

$$\boldsymbol{A}=\begin{pmatrix}\boldsymbol{A}_{11} & \cdots & \boldsymbol{A}_{1r}\\ \vdots & & \vdots\\ \boldsymbol{A}_{s1} & \cdots & \boldsymbol{A}_{sr}\end{pmatrix},$$

λ 为常数,那么

$$\lambda\boldsymbol{A}=\begin{pmatrix}\lambda\boldsymbol{A}_{11} & \cdots & \lambda\boldsymbol{A}_{1r}\\ \vdots & & \vdots\\ \lambda\boldsymbol{A}_{s1} & \cdots & \lambda\boldsymbol{A}_{sr}\end{pmatrix}.$$

3. 分块矩阵的乘法运算

设 $\boldsymbol{A}$ 为 $m\times l$ 矩阵,$\boldsymbol{B}$ 为 $l\times n$ 矩阵,分块为

$$\boldsymbol{A}=\begin{pmatrix}\boldsymbol{A}_{11} & \cdots & \boldsymbol{A}_{1t}\\ \vdots & & \vdots\\ \boldsymbol{A}_{s1} & \cdots & \boldsymbol{A}_{st}\end{pmatrix},\ \boldsymbol{B}=\begin{pmatrix}\boldsymbol{B}_{11} & \cdots & \boldsymbol{B}_{1r}\\ \vdots & & \vdots\\ \boldsymbol{B}_{t1} & \cdots & \boldsymbol{B}_{tr}\end{pmatrix},$$

其中 $\boldsymbol{A}_{i1},\boldsymbol{A}_{i2},\cdots,\boldsymbol{A}_{it}$ 的列数分别等于 $\boldsymbol{B}_{1j},\boldsymbol{B}_{2j},\cdots,\boldsymbol{B}_{tj}$ 的行数,那么

$$\boldsymbol{AB}=\begin{pmatrix}\boldsymbol{C}_{11} & \cdots & \boldsymbol{C}_{1r}\\ \vdots & & \vdots\\ \boldsymbol{C}_{s1} & \cdots & \boldsymbol{C}_{sr}\end{pmatrix},$$

其中 $\boldsymbol{C}_{ij}=\sum\limits_{k=1}^{t}\boldsymbol{A}_{ik}\boldsymbol{B}_{kj}\,(i=1,\cdots,s;\ j=1,\cdots,r)$.

三、分块矩阵的转置

设分块矩阵 $\boldsymbol{A}=\begin{pmatrix}\boldsymbol{A}_{11} & \cdots & \boldsymbol{A}_{1r}\\ \vdots & & \vdots\\ \boldsymbol{A}_{s1} & \cdots & \boldsymbol{A}_{sr}\end{pmatrix}$,则 $\boldsymbol{A}^{\mathrm{T}}=\begin{pmatrix}\boldsymbol{A}_{11}^{\mathrm{T}} & \cdots & \boldsymbol{A}_{s1}^{\mathrm{T}}\\ \vdots & & \vdots\\ \boldsymbol{A}_{1r}^{\mathrm{T}} & \cdots & \boldsymbol{A}_{sr}^{\mathrm{T}}\end{pmatrix}$.

四、分块对角矩阵

设 $\boldsymbol{A}$ 为 n 阶方阵，若 $\boldsymbol{A}$ 的分块矩阵只有在主对角线上有非零子块，其余子块都为零矩阵，且非零子块都是方阵，即

$$\boldsymbol{A}=\begin{pmatrix}\boldsymbol{A}_1 & & & \\ & \boldsymbol{A}_2 & & \\ & & \ddots & \\ & & & \boldsymbol{A}_s\end{pmatrix},$$

其中 $\boldsymbol{A}_i(i=1,2,\cdots,s)$ 都是方阵，那么称 $\boldsymbol{A}$ 为**分块对角矩阵**.

分块对角矩阵的性质如下.

(1) $|\boldsymbol{A}|=|\boldsymbol{A}_1||\boldsymbol{A}_2|\cdots|\boldsymbol{A}_s|$；

(2) 若 $|\boldsymbol{A}_i|\neq 0(i=1,2,\cdots,s)$，则 $|\boldsymbol{A}|\neq 0$，且

$$\boldsymbol{A}^{-1}=\begin{pmatrix}\boldsymbol{A}_1^{-1} & & & \\ & \boldsymbol{A}_2^{-1} & & \\ & & \ddots & \\ & & & \boldsymbol{A}_s^{-1}\end{pmatrix}.$$

知识巩固

例 1　设 $\boldsymbol{A}=\begin{pmatrix}1&0&0&0\\0&0&0&0\\2&0&0&0\\1&1&0&3\end{pmatrix}$，$\boldsymbol{B}=\begin{pmatrix}-2&0&1&0\\0&-1&0&1\\1&1&-4&2\\2&-1&0&-3\end{pmatrix}$，用矩阵分块法求 $\boldsymbol{A}+\boldsymbol{B}$.

解　因为矩阵 $\boldsymbol{A}$ 与 $\boldsymbol{B}$ 都是 4×4 的矩阵，为了方便计算，用矩阵的分块来求 $\boldsymbol{A}+\boldsymbol{B}$.现根据矩阵 $\boldsymbol{A}$ 的特点划分矩阵 $\boldsymbol{A}$，再根据矩阵加法的分块原则来划分矩阵 $\boldsymbol{B}$.将矩阵 $\boldsymbol{A}$ 与 $\boldsymbol{B}$ 写成分块矩阵如下.

$$\boldsymbol{A}=\left(\begin{array}{c:ccc}1&0&0&0\\0&0&0&0\\2&0&0&0\\\hdashline 1&1&0&3\end{array}\right)=\begin{pmatrix}\boldsymbol{A}_1&\boldsymbol{O}\\\boldsymbol{A}_2&\boldsymbol{A}_3\end{pmatrix},\quad \boldsymbol{B}=\left(\begin{array}{c:ccc}-2&0&1&0\\0&-1&0&1\\1&1&-4&2\\\hdashline 2&-1&0&-3\end{array}\right)=\begin{pmatrix}\boldsymbol{B}_1&\boldsymbol{B}_2\\\boldsymbol{B}_3&\boldsymbol{B}_4\end{pmatrix},$$

于是

$$A+B=\begin{pmatrix}A_1 & O\\ A_2 & A_3\end{pmatrix}+\begin{pmatrix}B_1 & B_2\\ B_3 & B_4\end{pmatrix}$$
$$=\begin{pmatrix}A_1+B_1 & O+B_2\\ A_2+B_3 & A_3+B_4\end{pmatrix}=\begin{pmatrix}A_1+B_1 & B_2\\ A_2+B_3 & A_3+B_4\end{pmatrix},$$

而

$$A_1+B_1=\begin{pmatrix}1\\0\\2\end{pmatrix}+\begin{pmatrix}-2\\0\\1\end{pmatrix}=\begin{pmatrix}-1\\0\\3\end{pmatrix},$$

$$A_2+B_3=1+2=3,$$

$$A_3+B_4=(1\quad 0\quad 3)+(-1\quad 0\quad -3)=(0\quad 0\quad 0),$$

所以

$$A+B=\left(\begin{array}{c:ccc}-1 & 0 & 1 & 0\\ 0 & -1 & 0 & 1\\ 3 & 1 & -4 & 2\\ \hdashline 3 & 0 & 0 & 0\end{array}\right).$$

例 2 设 $A=\begin{pmatrix}1 & 0 & 1 & 0\\ -1 & 1 & 0 & 1\\ -1 & 0 & 0 & 0\\ 0 & -1 & 0 & 0\end{pmatrix}$, $B=\begin{pmatrix}1 & 2 & 0 & 0\\ -2 & 1 & 0 & 0\\ 1 & 0 & 0 & -1\\ 0 & 1 & -1 & 0\end{pmatrix}$,用矩阵分块法求 AB.

解 把矩阵 A 与 B 进行如下分块.

$$A=\left(\begin{array}{cc:cc}1 & 0 & 1 & 0\\ -1 & 1 & 0 & 1\\ \hdashline -1 & 0 & 0 & 0\\ 0 & -1 & 0 & 0\end{array}\right)=\begin{pmatrix}A_{11} & E\\ -E & O\end{pmatrix},$$

$$B=\left(\begin{array}{cc:cc}1 & 2 & 0 & 0\\ -2 & 1 & 0 & 0\\ \hdashline 1 & 0 & 0 & -1\\ 0 & 1 & -1 & 0\end{array}\right)=\begin{pmatrix}B_{11} & O\\ E & B_{22}\end{pmatrix},$$

$$AB=\begin{pmatrix}A_{11} & E\\ -E & O\end{pmatrix}\begin{pmatrix}B_{11} & O\\ E & B_{22}\end{pmatrix}=\begin{pmatrix}A_{11}B_{11}+E & B_{22}\\ -B_{11} & O\end{pmatrix},$$

而

$$\boldsymbol{A}_{11}\boldsymbol{B}_{11}+\boldsymbol{E}=\begin{pmatrix}1&0\\-1&1\end{pmatrix}\begin{pmatrix}1&2\\-2&1\end{pmatrix}+\begin{pmatrix}1&0\\0&1\end{pmatrix}$$

$$=\begin{pmatrix}1&2\\-3&-1\end{pmatrix}+\begin{pmatrix}1&0\\0&1\end{pmatrix}=\begin{pmatrix}2&2\\-3&0\end{pmatrix},$$

$$-\boldsymbol{B}_{11}=\begin{pmatrix}-1&-2\\2&-1\end{pmatrix},$$

所以

$$\boldsymbol{AB}=\left(\begin{array}{cc:cc}2&2&0&-1\\-3&0&-1&0\\\hdashline -1&-2&0&0\\2&-1&0&0\end{array}\right).$$

课后练习

1. 设

$$\boldsymbol{A}=\begin{pmatrix}3&1&0&0\\2&1&0&0\\0&0&1&4\\0&0&2&5\end{pmatrix},\ \boldsymbol{B}=\begin{pmatrix}-1&0&1&0\\0&-1&0&1\\3&0&2&1\\1&-1&1&2\end{pmatrix},\ \boldsymbol{C}=\begin{pmatrix}2&4&0&0\\1&3&0&0\\0&0&3&1\\0&0&0&2\end{pmatrix},$$

求 $\boldsymbol{AC}$ 及 $\boldsymbol{AB}-\boldsymbol{B}^{\mathrm{T}}\boldsymbol{A}$.

2. 设 $\boldsymbol{A}$ 是一个 3 阶方阵，矩阵 $\boldsymbol{B}=\begin{pmatrix}\lambda_1&&\\&\lambda_2&\\&&\lambda_3\end{pmatrix}$，利用分块矩阵的乘法求 $\boldsymbol{AB}$.

复 习 题

1. 填空题.

(1) 若 $\boldsymbol{A}=\begin{pmatrix}2&1\\1&0\end{pmatrix}$，则 $\boldsymbol{A}^{-1}=$________；

(2) 若 $\boldsymbol{A}=\begin{pmatrix}0&3\\1&2\end{pmatrix}$，$\boldsymbol{B}=\begin{pmatrix}2&2\\1&0\end{pmatrix}$，则 $2\boldsymbol{A}+3\boldsymbol{B}=$________，$\boldsymbol{AB}=$________；

(3) 设矩阵 $\boldsymbol{A}=(3\quad 5)$,则 $\boldsymbol{A}\boldsymbol{A}^{\mathrm{T}}=$ ________.

2. 选择题.

(1) 以下结论或等式正确的是(　　);

A. 若 $\boldsymbol{AB}=\boldsymbol{AC}$,且 $\boldsymbol{A}\neq 0$,则 $\boldsymbol{B}=\boldsymbol{C}$　　B. 若 $\boldsymbol{A}\neq 0$, $\boldsymbol{B}\neq 0$,则 $\boldsymbol{AB}\neq 0$

C. 若 $\boldsymbol{A}$、$\boldsymbol{B}$ 均为零矩阵,则有 $\boldsymbol{A}=\boldsymbol{B}$　　D. 对角矩阵是对称矩阵

(2) 设 $\boldsymbol{A}$, $\boldsymbol{B}$ 为同阶可逆矩阵,且 $\boldsymbol{A}$ 是对称矩阵,则下列等式成立的是(　　);

A. $(\boldsymbol{A}^{\mathrm{T}}\boldsymbol{B})^{-1}=\boldsymbol{B}^{-1}\boldsymbol{A}^{-1}$　　B. $(\boldsymbol{AB})^{\mathrm{T}}=\boldsymbol{B}^{\mathrm{T}}\boldsymbol{A}$

C. $(\boldsymbol{AB}^{\mathrm{T}})^{-1}=(\boldsymbol{B}^{-1})^{\mathrm{T}}\boldsymbol{A}^{-1}$　　D. $(\boldsymbol{AB}^{\mathrm{T}})^{-1}=\boldsymbol{A}^{-1}(\boldsymbol{B}^{-1})^{\mathrm{T}}$

(3) 设 $\boldsymbol{A}$ 为 3×4 矩阵,$\boldsymbol{B}$ 为 4×3 矩阵,则下列运算中可以进行的是(　　).

A. $\boldsymbol{A}+\boldsymbol{B}$　　B. $\boldsymbol{AB}$　　C. $\boldsymbol{A}^{\mathrm{T}}\boldsymbol{B}$　　D. $\boldsymbol{AB}^{\mathrm{T}}$

3. 解下列矩阵方程.

$$\begin{pmatrix}0&1&0\\1&0&0\\0&0&1\end{pmatrix}\boldsymbol{X}\begin{pmatrix}1&0&0\\0&0&1\\0&1&0\end{pmatrix}=\begin{pmatrix}1&-4&3\\2&0&-1\\1&-2&0\end{pmatrix}.$$

4. 求 $\boldsymbol{A}=\begin{pmatrix}0&1&2\\1&1&4\\2&-1&0\end{pmatrix}$ 的逆矩阵.

5. 已知某经济系统在一个生产周期内直接消耗系数矩阵 $\boldsymbol{A}=\begin{pmatrix}0.2&0.4&0.2\\0.1&0.2&0.1\\0.1&0.1&0\end{pmatrix}$,总产品矩阵 $\boldsymbol{B}=\begin{pmatrix}1\ 000\\300\\700\end{pmatrix}$,求最终产品.

知识拓展

数学家的故事
——祖冲之

第三章

矩阵的初等变换与线性方程组

本章首先通过高斯消元法解线性方程组,引入矩阵的初等行变换,并给出矩阵的初等变换、行阶梯形矩阵、行最简形矩阵等概念;然后利用初等变换讨论矩阵的秩的性质;最后利用矩阵的初等行变换来求解线性方程组.

第一节 矩阵的初等变换

知识引入

在学习本节之前,需要先回忆初等数学中的高斯消元法解线性方程组,简单来说,就是通过方程组之间的运算,把一些方程中的未知量消去,从而得到方程组的解.

对于一般的线性方程组

$$\begin{cases} a_{11}x_1+a_{12}x_2+\cdots+a_{1n}x_n=b_1, \\ a_{21}x_1+a_{22}x_2+\cdots+a_{2n}x_n=b_2, \\ \cdots\cdots\cdots\cdots \\ a_{m1}x_1+a_{m2}x_2+\cdots+a_{mn}x_n=b_m, \end{cases}$$

矩阵

$$\boldsymbol{A}=\begin{pmatrix} a_{11} & a_{12} & \cdots & a_{1n} & b_1 \\ a_{21} & a_{22} & \cdots & a_{2n} & b_2 \\ \vdots & \vdots & & \vdots & \vdots \\ a_{m1} & a_{m2} & \cdots & a_{mn} & b_m \end{pmatrix}$$

称为**增广矩阵**.

下面用高斯消元法来解一个线性方程组,由于线性方程组与它的增广矩阵有着对应关系,为了了解求解过程中线性方程组的增广矩阵的变化,故将消元过程中得到的线性方程组的增广矩阵写在该方程组的右边.

知识准备

求解下列线性方程组

$$\begin{cases} 2x_1-x_2+3x_3=1, \\ 4x_1+2x_2+5x_3=4, \\ 2x_1+2x_3=6. \end{cases} \tag{3-1}$$

解

线性方程组: 对应的增广矩阵:

(1) $\begin{cases} 2x_1-x_2+3x_3=1, \\ 4x_1+2x_2+5x_3=4, \\ 2x_1+2x_3=6, \end{cases}$ $\begin{pmatrix} 2 & -1 & 3 & 1 \\ 4 & 2 & 5 & 4 \\ 2 & 0 & 2 & 6 \end{pmatrix}$,

把方程组的第一个方程乘以 -2 加到第二个方程上，乘以 -1 加到第三个方程上.

对应的增广矩阵正好是把第一行的每个元素乘以 -2 分别加到第二行对应位置的元素上，乘以 -1 加到第三行对应位置的元素上.

(2) $\begin{cases} 2x_1 - x_2 + 3x_3 = 1, \\ 4x_2 - x_3 = 2, \\ x_2 - x_3 = 5, \end{cases}$

$$\begin{pmatrix} 2 & -1 & 3 & 1 \\ 0 & 4 & -1 & 2 \\ 0 & 1 & -1 & 5 \end{pmatrix},$$

第三个方程乘以 -4 加到第二个方程上.

对应的增广矩阵正好是把第三行的每个元素乘以 -4 加到第二行对应位置的元素上.

(3) $\begin{cases} 2x_1 - x_2 + 3x_3 = 1, \\ 3x_3 = -18, \\ x_2 - x_3 = 5, \end{cases}$

$$\begin{pmatrix} 2 & -1 & 3 & 1 \\ 0 & 0 & 3 & -18 \\ 0 & 1 & -1 & 5 \end{pmatrix},$$

交换方程组的第二个方程和第三个方程的位置.

对应的增广矩阵正好是交换第二行和第三行的位置.

(4) $\begin{cases} 2x_1 - x_2 + 3x_3 = 1, \\ x_2 - x_3 = 5, \\ 3x_3 = -18, \end{cases}$

$$\begin{pmatrix} 2 & -1 & 3 & 1 \\ 0 & 1 & -1 & 5 \\ 0 & 0 & 3 & -18 \end{pmatrix},$$

第三个方程乘以 $\frac{1}{3}$ 加到第二个方程上，第三个方程乘以 $\frac{1}{3}$.

对应的增广矩阵正好是把第三行各元素乘以 $\frac{1}{3}$ 加到第二行对应位置元素上，第三行每个元素乘以 $\frac{1}{3}$.

(5) $\begin{cases} 2x_1 - x_2 + 3x_3 = 1, \\ x_2 = -1, \\ x_3 = -6, \end{cases}$

$$\begin{pmatrix} 2 & -1 & 3 & 1 \\ 0 & 1 & 0 & -1 \\ 0 & 0 & 1 & -6 \end{pmatrix},$$

第二个方程加到第一个方程上，第三个方程乘以 -3 加到第一个方程上，第一个方程乘以 $\frac{1}{2}$.

对应的增广矩阵正好是把第二行的每个元素加到第一行对应位置的元素上，第三行每个元素乘以 -3 加到第一行对应位置的元素上，第一行各元素乘以 $\frac{1}{2}$.

(6) $\begin{cases} x_1 = 9, \\ x_2 = -1, \\ x_3 = -6. \end{cases}$

$$\begin{pmatrix} 1 & 0 & 0 & 9 \\ 0 & 1 & 0 & -1 \\ 0 & 0 & 1 & -6 \end{pmatrix}.$$

最后一个方程组(6)有唯一解 $x_1=9$，$x_2=-1$，$x_3=-6$.

在用消元法解线性方程组的过程中,主要用到了下列三种方程之间的变换.

(1) 交换两个方程的次序；

(2) 一个方程乘以一个非零数；

(3) 一个方程乘以一个非零数加到另一个方程上.

这三种方程之间的变换都是可逆的,因此,变换前的方程组与变换后的方程组是同解的,从而最后求得的方程组(6)的解就是原方程组(1)的解.由此可见,对矩阵实施这些变化是有必要的,为此引入如下定义.

定义 1 下面三种变换称为矩阵的**初等行变换**.

(1) **对换变换**:交换矩阵两行,如交换 i、j 两行,可记为$(r_i \leftrightarrow r_j)$；

(2) **倍乘变换**:用一个非零数乘以矩阵的某一行,如第 i 行乘以 k,可记为 $r_i \times k$；

(3) **倍加变换**:把矩阵的某一行乘以数 k 后加到另一行上去,如第 j 行乘以 k 后加到第 i 行上,可记为 $r_i+r_j\times k$.

将上面定义中的“行”换成“列”(记号由“r”换成 “c”),就得到了矩阵的初等列变换的定义.

矩阵的初等行变换和初等列变换统称为矩阵的**初等变换**.

显然,三种初等变换都是可逆的,且其逆变换是同一类型的初等变换.

定义 2 若矩阵 $\boldsymbol{A}$ 经过有限次初等行(列)变换化为矩阵 $\boldsymbol{B}$,则称矩阵 $\boldsymbol{A}$ 与矩阵 $\boldsymbol{B}$ 行(列)等价;若矩阵 $\boldsymbol{A}$ 经过有限次初等变换化为矩阵 $\boldsymbol{B}$,则称矩阵 $\boldsymbol{A}$ 与矩阵 $\boldsymbol{B}$ 等价,记作 $\boldsymbol{A}\sim\boldsymbol{B}$.

矩阵间的行(列)等价以及矩阵间的等价是一个等价关系,满足如下性质.

(1) **自反性**:$\boldsymbol{A}\sim\boldsymbol{A}$；

(2) **对称性**:若 $\boldsymbol{A}\sim\boldsymbol{B}$,则 $\boldsymbol{B}\sim\boldsymbol{A}$；

(3) **传递性**:若 $\boldsymbol{A}\sim\boldsymbol{B}$, $\boldsymbol{B}\sim\boldsymbol{C}$,则 $\boldsymbol{A}\sim\boldsymbol{C}$.

在求解线性方程组(3-1)的例子中,线性方程组(4)、(5)、(6)对应的增广矩阵有一个共同特点,就是可画一条阶梯线,该阶梯线的下方全为零;每个台阶只有一行,台阶数就是非零行的行数;每一非零行的第一个非零元位于上一行第一个非零元的右侧,即

$$\begin{pmatrix} 2 & -1 & 3 & 1 \\ 0 & 1 & -1 & 5 \\ 0 & 0 & 3 & -18 \end{pmatrix},\quad \begin{pmatrix} 2 & -1 & 3 & 1 \\ 0 & 1 & 0 & -1 \\ 0 & 0 & 1 & -6 \end{pmatrix},\quad \begin{pmatrix} 1 & 0 & 0 & 9 \\ 0 & 1 & 0 & -1 \\ 0 & 0 & 1 & -6 \end{pmatrix}.$$

这样的矩阵称为**行阶梯形矩阵**,简称**阶梯形矩阵**.对于最后一个矩阵,它的非零行的第一个非零元全为 1,并且这些“1”所在的列的其余元素全为零,这样的阶梯形矩阵称为**行最简形矩阵**.

知识巩固

例 1　试用矩阵的初等行变换将矩阵 $\boldsymbol{A}=\begin{pmatrix}2&-3&1&-1&2\\2&-1&-1&1&2\\1&1&-2&1&4\\-1&4&-3&2&2\end{pmatrix}$ 先化为阶梯性矩阵，再进一步化为行最简形矩阵.

解

$$\boldsymbol{A}=\begin{pmatrix}2&-3&1&-1&2\\2&-1&-1&1&2\\1&1&-2&1&4\\-1&4&-3&2&2\end{pmatrix}\xrightarrow{r_1\leftrightarrow r_3}\begin{pmatrix}1&1&-2&1&4\\2&-1&-1&1&2\\2&-3&1&-1&2\\-1&4&-3&2&2\end{pmatrix}$$

$$\xrightarrow[r_4+r_1]{\substack{r_2+(-1)r_3\\r_3+(-2)r_1}}\begin{pmatrix}1&1&-2&1&4\\0&2&-2&2&0\\0&-5&5&-3&-6\\0&5&-5&3&6\end{pmatrix}\xrightarrow[r_4+r_3]{\frac{1}{2}r_2}\begin{pmatrix}1&1&-2&1&4\\0&1&-1&1&0\\0&-5&5&-3&-6\\0&0&0&0&0\end{pmatrix}$$

$$\xrightarrow{r_3+5r_2}\begin{pmatrix}1&1&-2&1&4\\0&1&-1&1&0\\0&0&0&2&-6\\0&0&0&0&0\end{pmatrix}\qquad\text{行阶梯形矩阵}$$

$$\xrightarrow{\frac{1}{2}r_3}\begin{pmatrix}1&1&-2&1&4\\0&1&-1&1&0\\0&0&0&1&-3\\0&0&0&0&0\end{pmatrix}\xrightarrow[r_1+(-1)r_3]{r_2+(-1)r_3}\begin{pmatrix}1&1&-2&0&7\\0&1&-1&0&3\\0&0&0&1&-3\\0&0&0&0&0\end{pmatrix}$$

$$\xrightarrow{r_1+(-1)r_2}\begin{pmatrix}1&0&-1&0&4\\0&1&-1&0&3\\0&0&0&1&-3\\0&0&0&0&0\end{pmatrix}.\qquad\text{行最简形矩阵}$$

对于行最简形矩阵再实施初等列变换，可变成一种形状更简单的矩阵.

$$\begin{pmatrix}1&0&-1&0&4\\0&1&-1&0&3\\0&0&0&1&-3\\0&0&0&0&0\end{pmatrix}\xrightarrow[c_3+c_2]{c_3+c_1}\begin{pmatrix}1&0&0&0&4\\0&1&0&0&3\\0&0&0&1&-3\\0&0&0&0&0\end{pmatrix}$$

$$\xrightarrow[c_5+3c_4]{\substack{c_5+(-4)c_1\\c_5+(-3)c_2}}\begin{pmatrix}1&0&0&0&0\\0&1&0&0&0\\0&0&0&1&0\\0&0&0&0&0\end{pmatrix}\xrightarrow{c_3\leftrightarrow c_4}\left(\begin{array}{ccc|cc}1&0&0&0&0\\0&1&0&0&0\\0&0&1&0&0\\\hline 0&0&0&0&0\end{array}\right)=\boldsymbol{F}.$$

最后一个矩阵 $\boldsymbol{F}$ 称为矩阵 $\boldsymbol{A}$ 的**标准形**，写成分块矩阵的形式，则有

$$\boldsymbol{F}=\begin{pmatrix}\boldsymbol{E}_3&\boldsymbol{O}\\\boldsymbol{O}&\boldsymbol{O}\end{pmatrix}.$$

对于一般的矩阵，有下面的定理.

定理 (1) 任意一个 $m\times n$ 矩阵总可以经过若干次初等行变换化为行阶梯形矩阵；

(2) 任意一个 $m\times n$ 矩阵总可以经过若干次初等行变换化为行最简形矩阵；

(3) 任意一个 $m\times n$ 矩阵总可以经过若干次初等变换(行变换和列变换)化为它的标准形 $\boldsymbol{F}=\begin{pmatrix}\boldsymbol{E}_r&\boldsymbol{O}\\\boldsymbol{O}&\boldsymbol{O}\end{pmatrix}_{m\times n}$，其中 r 为行阶梯形矩阵中非零行的行数.

课后练习

1. 用矩阵的初等行变换将矩阵 $\boldsymbol{A}=\begin{pmatrix}3&2&1\\0&2&3\\6&5&1\end{pmatrix}$ 化为阶梯形矩阵.

2. 用矩阵的初等行变换将矩阵 $\boldsymbol{A}=\begin{pmatrix}0&2&-3&1\\0&3&-4&3\\0&4&-7&-1\end{pmatrix}$ 化为行最简形矩阵.

第二节 矩阵的秩

知识引入

通过上一节的学习，可知：给定一个 $m\times n$ 矩阵 $\boldsymbol{A}$，它的标准形 $\boldsymbol{F}=\begin{pmatrix}\boldsymbol{E}_r&\boldsymbol{O}\\\boldsymbol{O}&\boldsymbol{O}\end{pmatrix}_{m\times n}$，其中 r 为行阶梯形矩阵中非零行的行数.

知识准备

矩阵 $\boldsymbol{A}$ 的阶梯形矩阵中所含非零行的个数,称为矩阵 $\boldsymbol{A}$ 的**秩**,记作 $R(\boldsymbol{A})$.

定义 1 在 $m\times n$ 矩阵 $\boldsymbol{A}$ 中,任取 k 行 k 列($k\leqslant m,\ k\leqslant n$),位于这些行列交叉处的 k^2 个元素,不改变它们在 $\boldsymbol{A}$ 中所处的位置次序而得到的 k 阶行列式称为矩阵 $\boldsymbol{A}$ 的 **k 阶子式**.例如矩阵

$$\boldsymbol{A}=(a_{ij})_{3\times 4}=\begin{pmatrix}3&2&1&1\\1&2&-3&2\\4&4&-2&3\end{pmatrix},$$

$|-3|$, $|1|$ 为其一阶子式;$\begin{vmatrix}1&2\\4&4\end{vmatrix}$, $\begin{vmatrix}3&1\\1&-3\end{vmatrix}$ 为其二阶子式;$\begin{vmatrix}3&2&1\\1&2&-3\\4&4&-2\end{vmatrix}$, $\begin{vmatrix}3&2&1\\1&2&2\\4&4&3\end{vmatrix}$ 为其三阶子式.

$m\times n$ 矩阵 $\boldsymbol{A}$ 的 k 阶子式共有 $C_m^k\cdot C_n^k$ 个.

定义 2 如果矩阵 $\boldsymbol{A}$ 中有一个 r 阶子式 $D\neq 0$,且所有的 $r+1$ 阶子式都等于 0,则称 $D\neq 0$ 为 $\boldsymbol{A}$ 的一个**最高阶非零子式**.数 r 称为矩阵 $\boldsymbol{A}$ 的**秩**,矩阵 $\boldsymbol{A}$ 的秩记成 $R(\boldsymbol{A})$.零矩阵的秩规定为 0.

【注】 (1) 规定零矩阵的秩为 0;

(2) 若 $\boldsymbol{A}=(a_{ij})_{n\times n}$, $r=n$,称 $\boldsymbol{A}$ 为**满秩矩阵**,$r<n$,称 $\boldsymbol{A}$ 为**降秩矩阵**;

(3) 若 $\boldsymbol{A}=(a_{ij})_{m\times n}$, $r=\min\{m,\ n\}$,亦称 $\boldsymbol{A}$ 为满秩矩阵;

(4) $R(\boldsymbol{A}^{\mathrm{T}})=R(\boldsymbol{A})$.

定理 方阵 $\boldsymbol{A}$ 可逆的充要条件是 $\boldsymbol{A}$ 为满秩矩阵.

知识巩固

例 1 求矩阵 $\boldsymbol{A}=\begin{pmatrix}3&2&1&1\\0&0&0&0\\4&4&-2&3\end{pmatrix}$ 的秩.

解 矩阵 $\boldsymbol{A}$ 的三阶子式全为 0,有一个二阶子式 $\begin{vmatrix}3&2\\4&4\end{vmatrix}=4\neq 0$,所以 $R(\boldsymbol{A})=2$.

对于 n 阶方阵 $\boldsymbol{A}$,如果 $R(\boldsymbol{A})=n$,那么称 $\boldsymbol{A}$ 为**满秩矩阵**,或称非奇异矩阵.

知识准备

定理 1 若 $\boldsymbol{A}\sim\boldsymbol{B}$,则 $R(\boldsymbol{A})=R(\boldsymbol{B})$.

即矩阵 $\boldsymbol{A}$ 经过有限次行(列)初等变换后其秩不变,包括

(1) 互换两行(列),其秩不变;

(2) 非零数 k 乘以第 i 行(第 j 列),其秩不变;

(3) 非零数 k 乘以第 i 行(第 j 列)加到第 j 行(第 i 列),其秩不变.

知识巩固

例 2 设 $\boldsymbol{A}=\begin{pmatrix}0&1&-2\\3&0&6\\-4&2&5\end{pmatrix}$,求 $R(\boldsymbol{A})$.

解

$$\boldsymbol{A}=\begin{pmatrix}0&1&-2\\3&0&6\\-4&2&5\end{pmatrix}\xrightarrow{r_1\leftrightarrow r_2}\begin{pmatrix}3&0&6\\0&1&-2\\-4&2&5\end{pmatrix}\xrightarrow{r_1\times\frac{1}{3}}\begin{pmatrix}1&0&2\\0&1&-2\\-4&2&5\end{pmatrix}$$

$$\xrightarrow{r_3+r_1\times 4}\begin{pmatrix}1&0&2\\0&1&-2\\0&2&13\end{pmatrix}\xrightarrow{r_3+r_2\times(-2)}\begin{pmatrix}1&0&2\\0&1&-2\\0&0&17\end{pmatrix},$$

故 $R(\boldsymbol{A})=3$.

课后练习

求下列矩阵的秩.

(1) $\boldsymbol{A}=\begin{pmatrix}1&-10\\2&-20\end{pmatrix}$;　(2) $\boldsymbol{A}=\begin{pmatrix}1&0&1\\0&1&1\\1&1&1\end{pmatrix}$;　(3) $\boldsymbol{A}=\begin{pmatrix}4&2&1\\-1&3&2\\1&-1&2\\2&-1&1\end{pmatrix}$.

第三节　线性方程组的解

知识引入

对于一般的线性方程组

$$\begin{cases} a_{11}x_1+a_{12}x_2+\cdots+a_{1n}x_n=b_1, \\ a_{21}x_1+a_{22}x_2+\cdots+a_{2n}x_n=b_2, \\ \cdots\cdots\cdots\cdots \\ a_{m1}x_1+a_{m2}x_2+\cdots+a_{mn}x_n=b_m, \end{cases} \tag{3-2}$$

记

$$\boldsymbol{A}=\begin{pmatrix} a_{11} & a_{12} & \cdots & a_{1n} \\ a_{21} & a_{22} & \cdots & a_{2n} \\ \vdots & \vdots & & \vdots \\ a_{m1} & a_{m2} & \cdots & a_{mn} \end{pmatrix},\ \boldsymbol{X}=\begin{pmatrix} x_1 \\ x_2 \\ \vdots \\ x_n \end{pmatrix},\ \boldsymbol{B}=\begin{pmatrix} b_1 \\ b_2 \\ \vdots \\ b_m \end{pmatrix}.$$

根据矩阵的乘法，线性方程组可表示成矩阵的形式：

$$\boldsymbol{AX}=\boldsymbol{B}. \tag{3-3}$$

式(3-3)称为线性方程组(3-2)的矩阵表示，矩阵 $\boldsymbol{A}$ 称为**系数矩阵**，矩阵

$$\bar{\boldsymbol{A}}=\begin{pmatrix} a_{11} & a_{12} & \cdots & a_{1n} & b_1 \\ a_{21} & a_{22} & \cdots & a_{2n} & b_2 \\ \vdots & \vdots & & \vdots & \vdots \\ a_{m1} & a_{m2} & \cdots & a_{mn} & b_m \end{pmatrix}$$

称为**增广矩阵**.

当线性方程组(3-2)的常数项均为 0 时，即

$$\begin{cases} a_{11}x_1+a_{12}x_2+\cdots+a_{1n}x_n=0, \\ a_{21}x_1+a_{22}x_2+\cdots+a_{2n}x_n=0, \\ \cdots\cdots\cdots\cdots \\ a_{m1}x_1+a_{m2}x_2+\cdots+a_{mn}x_n=0, \end{cases} \tag{3-4}$$

称为**齐次线性方程组**，其矩阵形式为 $\boldsymbol{AX}=0$.

当线性方程组(3-2)的常数项不全为 0 时，称为**非齐次线性方程组**.

知识准备

根据矩阵的秩判断齐次线性方程组的解：

(1) 方程组仅有零解的充分必要条件是 $R(\boldsymbol{A})=n$；

(2) 方程组有非零解的充分必要条件是 $R(\boldsymbol{A})<n$；

(3) 当齐次线性方程组中未知量的个数大于方程个数时，必有 $R(\boldsymbol{A})<n$；这时齐次线性方程组一定有非零解.

知识巩固

例 1 判断三元齐次线性方程组$\begin{cases}x_1-x_2+5x_3=0,\\x_1+x_2-2x_3=0,\\3x_1-x_2+8x_3=0,\\x_1+3x_2-9x_3=0\end{cases}$是否有非零解.

解 由

$$\boldsymbol{A}=\begin{pmatrix}1&-1&5\\1&1&-2\\3&-1&8\\1&3&-9\end{pmatrix}\sim\begin{pmatrix}1&-1&5\\0&2&-7\\0&2&-7\\0&4&-14\end{pmatrix}\sim\begin{pmatrix}1&-1&5\\0&2&-7\\0&0&0\\0&0&0\end{pmatrix},$$

可知 $R(\boldsymbol{A})=2$.因为 $R(\boldsymbol{A})=2<3$,所以此齐次线性方程组有非零解.

齐次线性方程组求解方法:

用矩阵初等行变换将系数矩阵化成行阶梯形矩阵,根据系数矩阵的秩可判断原方程组是否有非零解.若有非零解,继续将行阶梯形矩阵化为行最简形矩阵,则可求出方程组的全部解(通解).

例 2 求解齐次线性方程组$\begin{cases}x_1+2x_2+x_3-x_4=0,\\3x_1+6x_2-x_3-3x_4=0,\\5x_1+10x_2+x_3-5x_4=0.\end{cases}$

解

$$\boldsymbol{A}=\begin{pmatrix}1&2&1&-1\\3&6&-1&-3\\5&10&1&-5\end{pmatrix}\xrightarrow[r_3-5r_1]{r_2-3r_1}\begin{pmatrix}1&2&1&-1\\0&0&-4&0\\0&0&-4&0\end{pmatrix}$$

$$\xrightarrow[\left(-\frac{1}{4}\right)\times r_2]{r_3-r_2}\begin{pmatrix}1&2&1&-1\\0&0&1&0\\0&0&0&0\end{pmatrix}\xrightarrow{r_1-r_2}\begin{pmatrix}1&2&0&-1\\0&0&1&0\\0&0&0&0\end{pmatrix}.$$

可得 $R(\boldsymbol{A})=2$,而 $n=4$,故方程组有非零解,通解中含有 2 个任意常数.原方程组的同解方程组为$\begin{cases}x_1+2x_2-x_4=0,\\x_3=0.\end{cases}$

取 x_2、x_4 为自由未知量(一般取行最简形矩阵非零行的第一个非零元对应的未知量为非自由的),令 $x_2=c_1$, $x_4=c_2$,则方程组的全部解(通解)为

$$\begin{cases} x_1=-2c_1+c_2, \\ x_2=c_1, \\ x_3=0, \\ x_4=c_2 \end{cases} \quad (c_1,\ c_2 \text{ 为任意常数}),$$

或写成向量形式 $\begin{pmatrix} x_1 \\ x_2 \\ x_3 \\ x_4 \end{pmatrix}=c_1\begin{pmatrix} -2 \\ 1 \\ 0 \\ 0 \end{pmatrix}+c_2\begin{pmatrix} 1 \\ 0 \\ 0 \\ 1 \end{pmatrix}$.

用矩阵的秩判断非齐次线性方程组的解：

(1) 方程组无解充分必要条件是 $R(\boldsymbol{A})\neq R(\boldsymbol{A}\mid\boldsymbol{b})$；

(2) 方程组有唯一解的充分必要条件是 $R(\boldsymbol{A})=R(\boldsymbol{A}\mid\boldsymbol{b})=n$；

(3) 方程组有无穷多组解的充分必要条件是 $R(\boldsymbol{A})=R(\boldsymbol{A}\mid\boldsymbol{b})=r<n$，且在任一解中含有 $n-r$ 个任意常数.

例 3　判断非齐次线性方程组 $\begin{cases} x_1-2x_2+3x_3-x_4=2, \\ 3x_1-x_2+5x_3-3x_4=6, \\ 2x_1+x_2+2x_3-2x_4=8, \\ 5x_2-4x_3+5x_4=7 \end{cases}$ 是否有解.

解　用初等行变换化为其增广矩阵

$$\boldsymbol{B}=\begin{pmatrix} 1 & -2 & 3 & -1 & 2 \\ 3 & -1 & 5 & -3 & 6 \\ 2 & 1 & 2 & -2 & 8 \\ 0 & 5 & -4 & 5 & 7 \end{pmatrix} \sim \begin{pmatrix} 1 & -2 & 3 & -1 & 2 \\ 0 & 5 & -4 & 0 & 0 \\ 0 & 5 & -4 & 0 & 4 \\ 0 & 5 & -4 & 5 & 7 \end{pmatrix}$$

$$\sim \begin{pmatrix} 1 & -2 & 3 & -1 & 2 \\ 0 & 5 & -4 & 0 & 0 \\ 0 & 0 & 0 & 5 & 7 \\ 0 & 0 & 0 & 0 & 4 \end{pmatrix},$$

由此可知，$R(\boldsymbol{A})=3$，$R(\boldsymbol{B})=4$，即 $R(\boldsymbol{A})\neq R(\boldsymbol{B})$，因此方程组无解.

例 4　求解非齐次线性方程组 $\begin{cases} x_1-x_2-x_3-3x_4=-2, \\ x_1-x_2+x_3+5x_4=4, \\ -4x_1+4x_2+x_3=-1. \end{cases}$

解

$$\bar{\boldsymbol{A}}=\begin{pmatrix}1&-1&-1&-3&-2\\1&-1&1&5&4\\-4&4&1&0&-1\end{pmatrix}\xrightarrow[r_3+4r_1]{r_2-r_1}\begin{pmatrix}1&-1&-1&-3&-2\\0&0&2&8&6\\0&0&-3&-12&-9\end{pmatrix}$$

$$\xrightarrow{\frac{1}{2}\times r_2}\begin{pmatrix}1&-1&-1&-3&-2\\0&0&1&4&3\\0&0&-3&-12&-9\end{pmatrix}\xrightarrow[r_3+3r_2]{r_1+r_2}\begin{pmatrix}1&-1&0&1&1\\0&0&1&4&3\\0&0&0&0&0\end{pmatrix},$$

可得 $R(\boldsymbol{A})=R(\bar{\boldsymbol{A}})=2$，而 $n=4$，故方程组有解，且有无穷多解，通解中含有 2 个任意常数.

与原方程组同解的方程组为$\begin{cases}x_1-x_2+x_4=1,\\x_3+4x_4=3.\end{cases}$

取 x_2、x_4 为自由未知量(一般取行最简形矩阵非零行的第一个非零元对应的未知量为非自由的)，令 $x_2=c_1$，$x_4=c_2$，则方程组的全部解(通解)为

$$\begin{cases}x_1=1+c_1-c_2,\\x_2=c_1,\\x_3=3-4c_2,\\x_4=c_2\end{cases}\quad(c_1,\ c_2\text{ 为任意常数}),$$

或写成向量形式$\begin{pmatrix}x_1\\x_2\\x_3\\x_4\end{pmatrix}=\begin{pmatrix}1\\0\\3\\0\end{pmatrix}+c_1\begin{pmatrix}1\\1\\0\\0\end{pmatrix}+c_2\begin{pmatrix}-1\\0\\-4\\1\end{pmatrix}.$

课后练习

1. 判断线性方程组$\begin{cases}x_1+x_2=1,\\2x_1+3x_3=2,\\-x_2+2x_3=3,\\x_1+2x_2-x_3=4\end{cases}$是否有解；若有解，是唯一解还是无穷解，并求出其解.

2. 求齐次线性方程组$\begin{cases}x_1+x_2-x_3=0,\\3x_1+x_2+4x_3=0,\\x_1-2x_2+3x_3=0\end{cases}$的解.

复　习　题

1. 选择题.

(1) 矩阵 $\boldsymbol{A}=\begin{pmatrix}3 & 1 & 0 & 2\\ 1 & -1 & 2 & -1\\ 1 & 3 & -4 & 4\end{pmatrix}$ 的秩为(　　);

A. 1　　B. 0　　C. 3　　D. 2

(2) 设 $\boldsymbol{A}$ 是 6×4 矩阵, $R(\boldsymbol{A})=r$, 则齐次线性方程组 $\boldsymbol{AX}=0$ 有非零解的充分必要条件是(　　).

A. $r<4$　　B. $r<6$　　C. $4<r<6$　　D. $r=4$

2. 已知矩阵 $\boldsymbol{A}=\begin{pmatrix}-2 & 6 & 2 & 6\\ 1 & -2 & -1 & 0\\ 2 & -4 & 0 & 2\end{pmatrix}$, 则 $R(\boldsymbol{A})=$________.

3. 用初等行变换法将下列矩阵化为行最简形矩阵.

(1) $\begin{pmatrix}2 & 2 & 0 & 2\\ 0 & 1 & 1 & -1\\ 1 & 2 & 1 & 0\\ 2 & 5 & 3 & -1\end{pmatrix}$;　(2) $\begin{pmatrix}0 & 1 & 1 & -1\\ 0 & 2 & -3 & 1\\ 0 & 4 & -7 & -1\\ 0 & 3 & -4 & 3\end{pmatrix}$;　(3) $\begin{pmatrix}3 & 1 & 1\\ 1 & -1 & 3\\ 0 & 2 & -4\\ 2 & -1 & 4\end{pmatrix}$.

4. 求解齐次线性方程组 $\begin{cases}x_1-5x_2+2x_3-3x_4=0,\\ 2x_1+4x_2+2x_3+x_4=0,\\ 5x_1+3x_2+6x_3-x_4=0.\end{cases}$

5. λ 取何值时, 非齐次线性方程组 $\begin{cases}\lambda x_1+x_2+x_3=1,\\ x_1+\lambda x_2+x_3=\lambda,\\ x_1+x_2+\lambda x_3=\lambda^2\end{cases}$

(1) 有唯一解? (2) 无解? (3) 有无穷多个解?

知识拓展

数学家的故事
——韦达

第四章

线性代数应用案例

工程中的许多问题可以用线性方程组描述或化为线性方程组来求解，矩阵不仅是求解线性方程组的有力工具，而且也是自然科学、工程技术和经济研究领域处理线性模型的重要工具.本章主要介绍数学软件 MATLAB 的矩阵运算及线性代数的理论在工程问题中的应用.

第一节 MATLAB 的矩阵运算

知识引入

MATLAB 是适用于科学和工程计算的数学软件系统.它的主要功能包含数值计算功能、符号计算功能、数据分析和可视化功能、文字处理功能和可扩展功能.本教材采用 MATLAB R2014a 版本.

知识准备

一、矩阵生成

1. 数值矩阵

矩阵可直接按行的方式输入每个元素来生成:同一行中的元素用逗号或者空格符来分隔,不同的行用分号分隔;所有元素处于同一个方括号内.

例如:

```
>>A = [1 2 3; 4 5 6; 7 8 9]
  A =
       1     2     3
       4     5     6
       7     8     9
```

2. 特殊矩阵

(1) $m\times n$ 全零矩阵:A=zeros(m, n);

(2) $m\times n$ 全 1 矩阵:A=ones(m, n);

(3) $m\times n$ 单位阵:A=eye(m, n);

(4) n 阶魔方矩阵:A=magic(n).

3. 矩阵中元素的操作

(1) 矩阵 $\boldsymbol{A}$ 的第 i 行:A(i, :);

(2) 矩阵 $\boldsymbol{A}$ 的第 j 列:A(:, j);

(3) 依次提取矩阵 $\boldsymbol{A}$ 的每一列,将 $\boldsymbol{A}$ 拉伸为一个列向量:A(:);

(4) 取矩阵 $\boldsymbol{A}$ 的第 $i_1\sim i_2$ 行,第 $j_1\sim j_2$ 列构成新矩阵:A(i_1:i_2, j_1:j_2);

(5) 删除矩阵 $\boldsymbol{A}$ 的第 $i_1 \sim i_2$ 行,构成新矩阵:A(i1:i2, :)=[];

(6) 删除矩阵 $\boldsymbol{A}$ 的第 $j_1 \sim j_2$ 列,构成新矩阵:A(:, j1:j2)=[];

(7) 将矩阵 $\boldsymbol{A}$ 和矩阵 $\boldsymbol{B}$ 拼接成新矩阵:[A, B]或[A; B].

二、矩阵运算

1. 加减运算

矩阵 $\boldsymbol{A}$ 和矩阵 $\boldsymbol{B}$ 是同型矩阵,如:A+B; A-B.

2. 乘法运算

(1) 矩阵 $\boldsymbol{A}_{m\times s}$ 和矩阵 $\boldsymbol{B}_{s\times n}$ 相乘,即按线性代数中矩阵乘法运算进行.如:A * B;

(2) 常数 k 和矩阵 $\boldsymbol{A}$ 相乘,即 k 与矩阵 $\boldsymbol{A}$ 中每一个元素相乘.如:k * A;

(3) 矩阵 $\boldsymbol{A}_{m\times n}$ 和矩阵 $\boldsymbol{B}_{m\times n}$ 点乘,即矩阵 $\boldsymbol{A}$ 和矩阵 $\boldsymbol{B}$ 对应元素相乘.如:A. * B.

例如:

```
>>A = [1 2; 3 4]; B = [1 2; 2 1];
>>A * B
>>2 * A
>>A. * B
```

输出结果:

```
ans =
        5     4
        11   10
ans =
        2     4
        6     8
ans =
        1     4
        6     4
```

3. 除法运算

若矩阵 $\boldsymbol{A}$ 可逆,$\boldsymbol{A}^{-1}\boldsymbol{B}$、$\boldsymbol{B}\boldsymbol{A}^{-1}$ 分别表示 $\boldsymbol{A}$ 左除 $\boldsymbol{B}$、$\boldsymbol{A}$ 右除 $\boldsymbol{B}$.如:inv(A) * B 或 A\B; B * inv(A)或 A/B.

4. 乘方运算

若矩阵 $\boldsymbol{A}$ 是方阵,$\boldsymbol{A}^n$ 表示 $\boldsymbol{A}$ 的 n 次方,如:A^n; $\boldsymbol{A}^{-n}$ 表示 $\boldsymbol{A}^{-1}$ 的 n 次方,如:A^(-n).

5. 其他运算

(1) 矩阵 $\boldsymbol{A}$ 的转置,如:A′;

(2) 矩阵 $\boldsymbol{A}$ 的行列式的值,如:det(A);

(3) 矩阵 $\boldsymbol{A}$ 的逆矩阵,如:inv(A);

(4) 矩阵 $\boldsymbol{A}$ 的秩,如:rank(A);

(5) 矩阵 $\boldsymbol{A}$ 的特征值 D 与特征向量 V,如:[V, D]=eig(A).

三、解线性方程组

1. 线性方程组的唯一解

线性方程组的矩阵形式为 $\boldsymbol{AX}=\boldsymbol{B}$,其唯一解为 $\boldsymbol{X}=\boldsymbol{A}^{-1}\boldsymbol{B}$.

调用格式为:X=inv(A) * B.

2. 齐次线性方程组的通解

齐次线性方程组的矩阵形式为 $\boldsymbol{AX}=\boldsymbol{O}$.

调用格式为:X=null(A,'r').

3. 非齐次线性方程组的通解

非齐次线性方程组需要先判断方程组是否有解,若有解,再去求通解.

具体步骤如下:

(1) 判断 $\boldsymbol{AX}=\boldsymbol{B}$ 是否有解,若有解则进行第二步;

(2) 求 $\boldsymbol{AX}=\boldsymbol{B}$ 的一个特解;

(3) 求 $\boldsymbol{AX}=\boldsymbol{O}$ 的通解;

(4) $\boldsymbol{AX}=\boldsymbol{B}$ 的通解 = $\boldsymbol{AX}=\boldsymbol{O}$ 的通解 + $\boldsymbol{AX}=\boldsymbol{B}$ 的一个特解.

课后练习

1. 已知 $\boldsymbol{A}=\begin{bmatrix}1 & 2 & 3\\4 & 5 & 6\\7 & 8 & 9\end{bmatrix}$,用 MATLAB 求矩阵 $\boldsymbol{A}$ 的秩.

2. 用 MATLAB 先构造一个 5 阶的魔方矩阵,再删除第一行元素.

第二节　城市交通流量问题

任务提出

城市道路网中每条道路、每个交叉路口的车流量调查是分析、评价及改善城市交通状况的基础.

某城市单行线流量图如图 4-1 所示,其中,数字表示该路段每小时按箭头方向行驶的已知车流量(单位:辆),变量表示该路段每小时按箭头方向行驶的未知车流量.

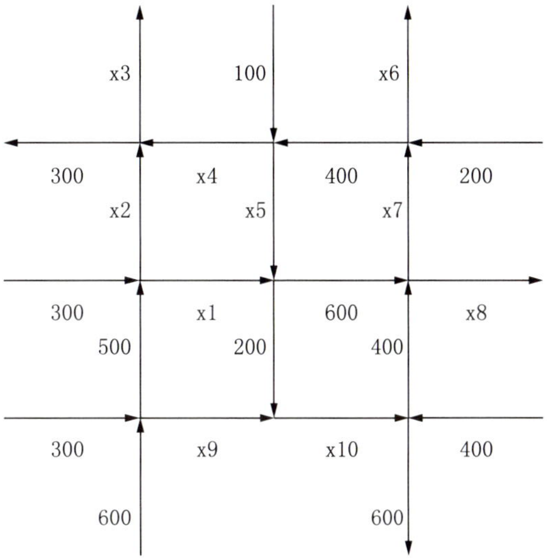

图 4-1

问题:

(1) 每条道路的流量关系如何表示?

(2) 哪些未知流量可以确定?

(3) 为了确定所有未知流量,还需要增添哪几条道路的流量统计?

技能学习

1. 模型假设

(1) 每条道路都是单行线;

(2) 每条区间道路内无车辆进出,车辆数保持一致;

(3) 每个交叉路口进入和离开的车辆数目相等.

2. 模型建立

每条道路的流量关系可以表示为如下线性方程组:

$$\begin{cases} x_2 - x_3 + x_4 = 300, \\ x_4 + x_5 = 500, \\ -x_6 + x_7 = 200, \\ x_1 + x_2 = 800, \\ x_1 + x_5 = 800, \\ x_7 + x_8 = 1\,000, \\ x_9 = 400, \\ -x_9 + x_{10} = 200, \\ x_{10} = 600. \end{cases}$$

3. 学习使用数学软件 MATLAB 求解线性方程组

MATLAB 求解线性方程组的指令与步骤具体如下：

先使用指令 rref([A b])将线性方程组的增广矩阵化为阶梯形矩阵，而后使用自由变量的方法得到解的一般表达式.

例如，求解线性方程组$\begin{cases} x_1+2x_2-3x_3=-11, \\ -x_1-x_2+2x_3=7, \\ 2x_1-3x_2+x_3=6, \\ -3x_1+x_2+2x_3=5. \end{cases}$

输入：

```
A=[1 2 -3; -1 -1 2; 2 -3 1; -3 1 2];
b=[-11 7 6 5]';
rref([A b])
```

输出：

```
ans =
        1     0     -1     -3
        0     1     -1     -4
        0     0      0      0
        0     0      0      0
```

于是得到对应的方程组

$$\begin{cases} x_1-x_3=-3, \\ x_2-x_3=-4, \end{cases}$$

即 $x=k\begin{pmatrix}1\\1\\1\end{pmatrix}+\begin{pmatrix}-3\\-4\\0\end{pmatrix}$，其中 k 为 x_3 的值.

4. 技能训练

求解线性方程组$\begin{cases} 2x_1+x_2-2x_3+3x_4=0, \\ 3x_1+2x_2-x_3+2x_4=0, \\ x_1+x_2+x_3-x_4=0. \end{cases}$

任务完成

1. 用数学软件 MATLAB 求解本任务的数学模型，并验证以下参考答案.

$$\begin{cases} x_1=800-x_5, \\ x_2=x_5, \\ x_3=200, \\ x_4=500-x_5, \\ x_6=800-x_8, \\ x_7=1\,000-x_8, \\ x_9=400, \\ x_{10}=600. \end{cases}$$

由参考答案可知,3 个未知流量 x_3、x_9、x_{10} 可以确定.为了确定未知流量,需要增添两条道路的流量统计,比如 x_5、x_8.

于是有

$$x=\begin{pmatrix} 800 \\ 0 \\ 200 \\ 500 \\ 0 \\ 800 \\ 1\,000 \\ 0 \\ 400 \\ 600 \end{pmatrix}+k_1\begin{pmatrix} -1 \\ 1 \\ 0 \\ -1 \\ 1 \\ 0 \\ 0 \\ 0 \\ 0 \\ 0 \end{pmatrix}+k_2\begin{pmatrix} 0 \\ 0 \\ 0 \\ 0 \\ 0 \\ -1 \\ -1 \\ 1 \\ 0 \\ 0 \end{pmatrix},$$

其中 k_1、k_2 分别为 x_5、x_8 的值.

2. 完成数学建模实践小论文

小组合作完成“城市交通流量问题”数学建模实践小论文.

第三节 投入产出问题

任务提出

某城市有三个重要企业,煤矿场、电厂、铁路局.经成本核算,每开采 1 元钱的煤矿,煤矿场需支付 0.25 元电费、0.35 元运输费;生产 1 元钱的电力,电厂要支付 0.55 元煤矿费、0.05 元电费、0.05 元运输费;创收 1 元钱的运输费,铁路局要支付 0.45 元煤矿费、0.1 元电费.在某一周内煤矿场接到外地 100 000 元订单,电厂接到外地 50 000 元订单.

问题:

(1) 三个企业一周内总产值各为多少才能满足自身及外界需求?

(2) 三个企业间相互需支付多少金额?

(3) 三个企业各创造多少新价值?

技能学习

1. 模型假设

(1) 煤矿场、电厂、铁路局之间相互依存;

(2) 外界对铁路局没有需求.

2. 模型建立

建立投入产出模型(表 4-1).

表 4-1 (单位:元)

投入 \ 产出		消耗部门			最终产品	总产品
		煤矿场	电厂	铁路局		
生产部门	煤矿场	x_{11}	x_{12}	x_{13}	100 000	x_1
	电厂	x_{21}	x_{22}	x_{23}	50 000	x_2
	铁路局	x_{31}	x_{32}	x_{33}	0	x_3
新增价值		z_1	z_2	z_3		
总价值		x_1	x_2	x_3		

$$\boldsymbol{A}=\begin{pmatrix}0 & 0.55 & 0.45\\0.25 & 0.05 & 0.1\\0.35 & 0.05 & 0\end{pmatrix},\ \boldsymbol{B}=\begin{pmatrix}100\ 000\\50\ 000\\0\end{pmatrix}.$$

三个企业一周内总产值为:$\boldsymbol{X}=(\boldsymbol{E}-\boldsymbol{A})^{-1}\boldsymbol{B}$.

三个企业间相互支付为:$\boldsymbol{P}=\boldsymbol{A}^{*}\begin{pmatrix}x_1 & 0 & 0\\0 & x_2 & 0\\0 & 0 & x_3\end{pmatrix}$.

三个企业各创造新价值为：$\boldsymbol{Z}=\boldsymbol{X}-\begin{pmatrix}x_1 & 0 & 0\\ 0 & x_2 & 0\\ 0 & 0 & x_3\end{pmatrix}\boldsymbol{A}^{\mathrm{T}}\begin{pmatrix}1\\1\\1\end{pmatrix}$.

3. 学习使用数学软件 MATLAB 求解线性方程组

MATLAB 求线性方程组的指令：inv(A) * B 或 A\B.

例如，求解线性方程组 $\begin{cases}x_1+2x_2+3x_3=366,\\ 4x_1+5x_2+6x_3=804,\\ 7x_1+8x_2=351.\end{cases}$

先改写成矩阵形式

$$\begin{pmatrix}1 & 2 & 3\\ 4 & 5 & 6\\ 7 & 8 & 0\end{pmatrix}\begin{pmatrix}x_1\\x_2\\x_3\end{pmatrix}=\begin{pmatrix}366\\804\\351\end{pmatrix}.$$

输入：

```
A = [1 2 3;4 5 6;7 8 0];
B = [366;804;351];
X = inv(A) * B
```

输出：

```
X =

     25

     22

     99
```

4. 技能训练

求解线性方程组 $\begin{cases}x_1+2x_2+4x_3=16,\\ 2x_1+x_2+x_3=24,\\ x_1+4x_2+7x_3=30.\end{cases}$

任务完成

1. 使用数学软件 MATLAB 求解该任务的数学模型，并验证以下参考答案：

(1) 煤矿场、电厂、铁路局一周的总产值分别是 194 510 元、111 572 元、73 657 元；

(2) 煤矿场支付煤矿场、电厂、铁路局的金额分别是 0 元、48 628 元、68 079 元，电厂支付煤矿场、电厂、铁路局的金额分别是 61 365 元、5 579 元、5 579 元，铁路局支付煤矿场、电厂、铁路局的金额分别是 33 146 元、7 366 元、0 元；

(3) 煤矿场、电厂、铁路局一周内新创价值分别是 77 804 元、39 050 元、33 146 元.

2. 完成数学建模实践小论文

小组合作完成“投入产出问题”数学建模实践小论文.

拓展阅读

数学家的故事

——高斯

第五章

随机事件及其概率

概率论是研究随机事件的数量规律的一门科学，广泛应用于自然科学、工程技术甚至是社会科学等各个领域．随机事件及其概率是概率论中最重要和最基本的概念．本章主要介绍随机事件的相关概念以及随机事件的概率计算．

第一节 随机事件

问题引入

盒子里有6个形状相同的圆球，其中，红球1个、白球2个、黑球3个，一名同学随机抽一个球，他会抽到什么颜色的球呢？

知识准备

一、随机事件的概念

人们在自然界和社会生活中观察到的现象是多种多样的.

有一类现象，在一定条件下必然会发生，称为**确定性现象(必然现象)**.例如，太阳每天早上必定从东方升起，从西边落下；向上抛掷小球，上升到一定高度后必然会落下.

还有一类现象，在一定条件下可能发生也可能不发生，称为**随机现象(偶然现象)**.例如，投掷一枚均匀的硬币，有可能出现正面，也有可能出现反面；从一副不含大小王的扑克牌中任取一张，有可能抽到红色牌，也有可能抽到黑色牌.

对于个别的实验或观察来说，随机现象出现哪种结果事先是不能确定的，但在保持基本条件不变的情况下，进行大量的实验或观察却又呈现出某种规律性.随机现象所呈现的这种规律性称为**随机现象的统计规律性**.

例如，多次重复地投掷一枚均匀的硬币，会发现正面、反面出现的可能性都大约是二分之一，这就是历史上的数学家研究随机现象的统计规律性的著名试验——抛掷硬币试验，见表5-1.

表5-1

实验者	抛掷次数 n	正面朝上的次数 m	正面朝上的频率 $\frac{m}{n}$
德摩根	2 048	1 061	0.518 1
蒲　丰	4 040	2 048	0.506 9
费希尔	10 000	4 979	0.497 9
皮尔逊	12 000	6 019	0.501 6
皮尔逊	24 000	12 012	0.500 5
维　尼	30 000	14 994	0.499 8

为了研究和揭示随机现象的统计规律性，需要对随机现象进行大量重复的观察或者试验.为了方便，将它们统称为试验.如果试验具有以下特点，则称之为**随机试验**，简称为试验.该试验具有以下特性.

① **可重复性**：试验可以在相同的条件下重复进行；

② **可观测性**：每次试验的所有可能结果是明确的，并且试验的可能结果至少有两个；

③ **随机性**：每次试验将要出现的结果是不确定的，试验之前无法预知哪一个结果出现.

试验的每一种不能再分解的可能的结果称为**样本点**，全部样本点的集合叫做**样本空间**，用 Ω 表示.例如，掷一枚骰子，有 6 个样本点：1、2、3、4、5、6，样本空间为 $\Omega=\{1, 2, 3, 4, 5, 6\}$.

样本空间的子集称为**随机事件**，简称**事件**.常用大写的字母 A、B、C 等表示.特别地，只含一个样本点的事件称为**基本事件**.例如，掷一枚骰子，事件 A 表示“点数为偶数”，即 $A=\{2, 4, 6\}$，事件 B 表示“点数为 1”，即 $B=\{1\}$，B 就是一个基本事件.

某事件发生指的是该事件包含的所有样本点中的某一个样本点在随机试验中出现了.例如，掷一枚骰子，若“在一次试验中出现点数 2”，则事件 A“点数为偶数”就发生.

在每次试验中都必然会发生的事件，称为**必然事件**.例如，掷一枚骰子，事件 C 表示“点数大于 0”，显然 $C=\Omega$，是一个必然事件.

在任何一次实验中，都不可能发生的事件叫做**不可能事件**，一般用空集符号 $\varnothing$ 表示.例如，掷一枚骰子，“出现点数 7”就是不可能事件.

尽管必然事件和不可能事件不具有随机性，为了今后讨论问题方便，仍然把必然事件和不可能事件看成是随机事件的特殊情况，这样研究的事件均为随机事件.

二、事件间的关系和运算

(1) 事件的包含：若事件 A 发生，事件 B 必定发生，即 A 中的每一个样本点都是 B 中的样本点，则称**事件 B 包含事件 A**，记为 $A\subset B$，如图 5-1 所示.

(2) 事件的相等：若 $A\subset B$ 且 $B\subset A$，则称**事件 A 与事件 B 相等**，记为 $A=B$.

(3) 和事件：事件 A 与事件 B 至少有一个发生，记为 $A+B$(或 $A\cup B$)，称为**事件 A 与事件 B 的和事件**，如图 5-2 所示.

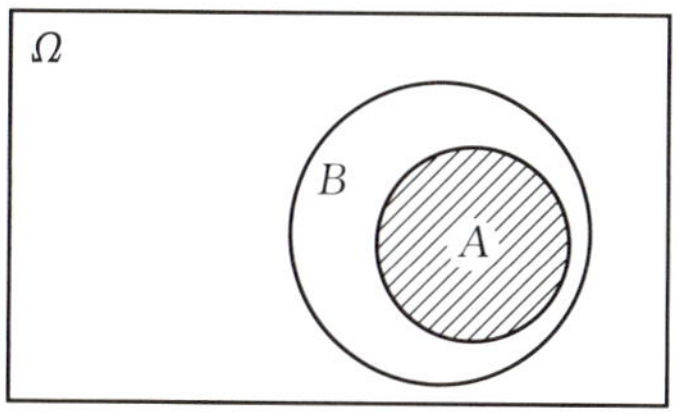

图 5-1

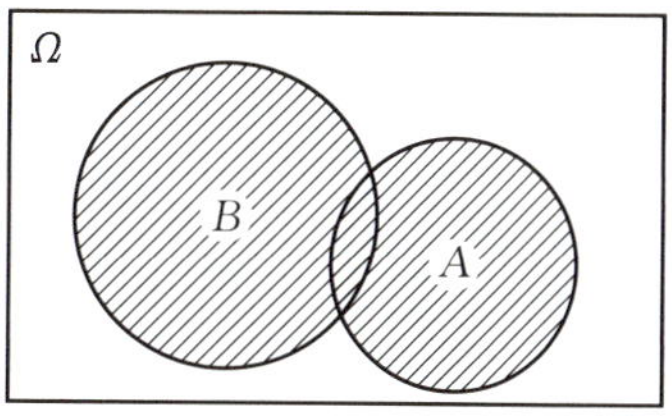

图 5-2

(4) 积事件:事件 A 与事件 B 同时发生,记为 AB(或 $A\cap B$),称为**事件 A 与事件 B 的积事件**,如图 5-3 所示.

(5) 差事件:事件 A 发生,事件 B 不发生,记为 $A-B$,称为**事件 A 与事件 B 的差事件**,如图 5-4 所示.

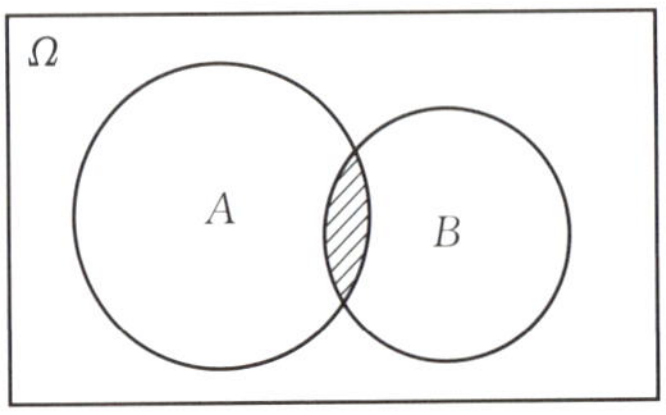

图 5-3

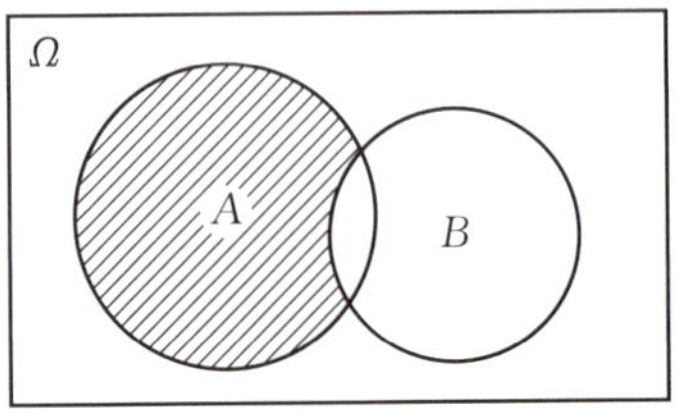

图 5-4

(6) 互不相容事件(互斥事件):若事件 A 与事件 B 不能同时发生,即 $AB=\varnothing$,称**事件 A 与事件 B 互不相容(互斥)**,如图 5-5 所示.

(7) 对立事件(逆事件):若每次试验时,事件 A 与事件 B 必有一个发生,且仅有一个发生,即 $AB=\varnothing$ 且 $A+B=\Omega$,称**事件 A 与事件 B 为对立事件(逆事件)**,记为 $A=\bar{B}$, $B=\bar{A}$,如图 5-6 所示.

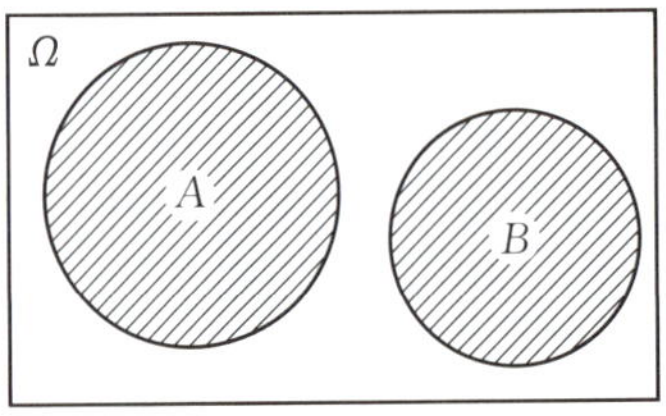

图 5-5

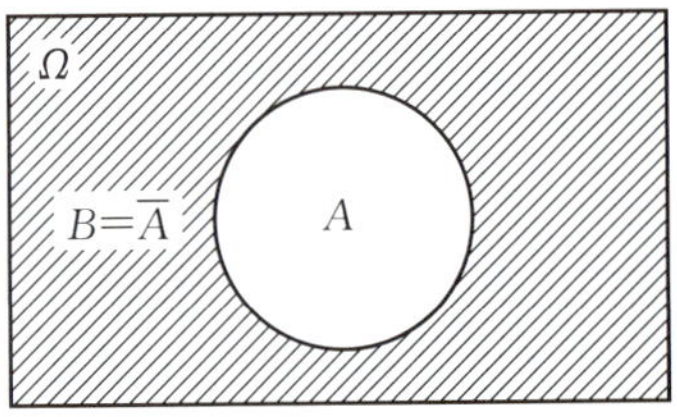

图 5-6

三、事件间的运算规律

(1) 交换律:$A\cup B=B\cup A$, $A\cap B=B\cap A$;

(2) 结合律:$(A\cup B)\cup C=A\cup(B\cup C)$, $(A\cap B)\cap C=A\cap(B\cap C)$;

(3) 分配律:$(A\cup B)\cap C=(A\cap C)\cup(B\cap C)$, $(A\cap B)\cup C-(A\cup C)\cap(B\cup C)$;

(4) 自反律:$A=\bar{\bar{A}}$;

(5) 德摩根律:$\overline{A\cup B}=\bar{A}\cap\bar{B}$, $\overline{A\cap B}=\bar{A}\cup\bar{B}$.

知识巩固

例 1 从一批产品中,依次任选两件,记录出现正品与次品的情况.若记 T 表示正品,

F 表示次品，那么 $\Omega=\{TT, TF, FT, FF\}$.

例 2 已知 A、B 是样本空间中的两事件，且

$$\Omega=\{x \mid 0 \leqslant x \leqslant 5\}, A=\{x \mid 1 \leqslant x<3\}, B=\{x \mid 2 \leqslant x<4\},$$

试求：$A+B$, $A-B$, $\bar{A}\bar{B}$.

解 $A+B=\{x \mid 1 \leqslant x<4\}$, $A-B=\{x \mid 1 \leqslant x<2\}$,

$\bar{A}\bar{B}=\overline{A \cup B}=\{x \mid 0 \leqslant x<1, 4 \leqslant x \leqslant 5\}$.

例 3 设抽取三件产品进行检测，事件 A_i 表示{第 i 件产品是合格品}($i=1, 2, 3$). 请用 A_1、A_2、A_3 表示下列事件.

(1) 第一件是合格品；

(2) 三件都是合格品；

(3) 只有第一件是合格品；

(4) 只有一件是合格品.

解 (1) A_1；　(2) $A_1A_2A_3$；

(3) $A_1\bar{A}_2\bar{A}_3$；　(4) $A_1\bar{A}_2\bar{A}_3+\bar{A}_1A_2\bar{A}_3+\bar{A}_1\bar{A}_2A_3$.

课后练习

1. 判断下列事件哪些是必然事件，哪些是不可能事件，哪些是随机事件.

(1) 向上抛一重物，上升到某一高度后重物下落；

(2) 某人射击一次，命中目标；

(3) 如果 $a>3$，那么 $a-3>0$；

(4) 掷一枚硬币，出现正面；

(5) 从分别标有号数 1、2、3 的三张标签中任取一张，得到 1 号标签；

(6) 110 警台一天接到的报警次数为 15 次；

(7) 在常温下，铁熔化.

2. 选择题.

(1) 将一枚硬币向上抛掷 2 次，其中正面向上恰有 1 次是(　　)；

A. 必然事件　　B. 随机事件

C. 不可能事件　　D. 无法确定

(2) 某战士在打靶中，连续射击两次，事件“至少有一次中靶”的对立事件是(　　)；

A. 至多有一次中靶　　B. 两次都中靶

C. 两次都不中靶　　D. 只有一次中靶

(3) 把标号为1、2、3、4的四个小球随机地分发给甲、乙、丙、丁四个人，每人分得一个，事件“甲分得1号球”与事件“乙分得1号球”是(　　)；

A. 互斥但非对立事件　　B. 对立事件

C. 相互独立事件　　D. 以上都不

(4) 设事件 M, N，且有 $M\subset N$，则 $\overline{M+N}=$(　　).

A. $\overline{M}$　　B. $\overline{N}$

C. $\overline{MN}$　　D. $\overline{M}+\overline{N}$

3. 已知 A, B 是样本空间 Ω 中的两事件，且

$$\Omega=\{1, 2, 3, 4, 5, 6\}, A=\{1, 2, 3\}, B=\{x|3, 4, 5\},$$

试求：$A+B$, AB, $A-B$, $\overline{AB}$.

4. 设 A、B、C 分别表示甲、乙、丙三人射击击中目标，请用 A、B、C 表示下列事件.

(1) 甲未击中目标；

(2) 甲击中而乙未击中目标；

(3) 三人中只有丙未击中目标；

(4) 三人中恰好有一人击中目标；

(5) 三人中至少有一人击中目标；

(6) 三人中至多有一人击中目标.

第二节　随机事件的概率

问题引入

问题1：从三本不同的书中选择两本送给甲、乙两名同学，有多少种不同的送法？

问题2：从三本不同的书中选择两本送给一名同学，有多少种不同的选法？

知识准备

一、排列与组合

首先复习中学学过的两种计数原理.

分类加法计数原理：设完成一件事有 m 类不同方案，在第 i 类方案中有 n_i 种不同的

方法，那么完成这件事共有 $n_1+n_2+\cdots+n_m$ 种不同的方法.

分步乘法计数原理：设完成一件事需要 m 个步骤，做第 i 步有 n_i 种不同的方法，那么完成这件事共有 $n_1\cdot n_2\cdot\cdots\cdot n_m$ 种不同的方法.

一般地，从 n 个不同元素中取出 $m(m\leqslant n)$ 个元素，按照一定的顺序排成一列，叫做从 n 个不同元素中取出 m 个元素的一个**排列**.

从 n 个不同元素中取出 $m(m\leqslant n)$ 个元素的所有不同排列的个数叫做**排列数**，记为 $A_n^m=n(n-1)(n-2)\cdots[n-(m-1)]$.

一般地，从 n 个不同元素中取出 $m(m\leqslant n)$ 个元素合成一组，叫做从 n 个不同元素中取出 m 个元素的一个**组合**.

从 n 个不同元素中取出 $m(m\leqslant n)$ 个元素的所有不同组合的个数叫做**组合数**，记为 $C_n^m=\dfrac{n(n-1)(n-2)\cdots[n-(m-1)]}{m!}$.规定 $C_n^0=1$.

知识巩固

例 1　现有 1、2、3、4、5 五个数字，问

(1) 从这五个数字中任取 2 个，可组成多少个不同的两位数?

(2) 从这五个数字中任取 2 个进行乘法运算，可得多少个不同的结果?

解　(1) 这是一个排列数问题，不同的两位数有 $A_5^2=20$ 个；

(2) 这是一个组合数问题，不同的结果的个数为 $C_5^2=10$ 个.

问题引入

问题 3：从三本不同的书中任选两本送给甲、乙两名同学，甲同学得到第一本书的概率是多少?

问题 4：从三本不同的书中任选两本送给一名同学，第一本书被送出的概率是多少?

知识准备

二、古典概型

问题 3 和问题 4 均有如下两个特点.

(1) **有限性**：每次试验只有有限个可能的结果.

问题 3 的样本点总数为 $A_3^2=3\times2=6$，问题 4 的样本点总数为 $C_3^2=\dfrac{3\times2}{2!}=3$.

(2) **等可能性**:每次试验中,每一个结果发生的可能性相等.

随机选取书本,送给同学,所以问题 3 和问题 4 中每一个样本点出现的可能性相同.

这一类的试验叫做**古典概型(等可能)试验**.

设古典型试验的样本点共有 n 个,事件 A 包含 m 个样本点,那么事件 A 发生的概率为

$$P(A)=\frac{m}{n},$$

称此概率为**古典概率**,上式称为古典概率的计算公式.由古典概率得到的概率模型称为**古典概型**.

显然,概率具有如下三个性质.

(1) $P(\Omega)=1$;

(2) $P(\varnothing)=0$;

(3) 对任一事件 A 有 $0\leqslant P(A)\leqslant 1$.

知识巩固

例 2 从一副不含大小王的扑克牌中任取一张,设事件 $A=\{$抽到 1$\}$, $B=\{$抽到红色牌$\}$,求 $P(A)$, $P(B)$, $P(AB)$.

解 一副不含大小王的扑克牌共 52 张,每种点数的牌各 4 张,红色牌和黑色牌各 26 张,所以 Ω 中有 52 个样本点,A 中有 4 个样本点,B 中有 26 个样本点,AB 中有 2 个样本点.由古典概率的计算公式可得

$$P(A)=\frac{m_A}{n}=\frac{4}{52}=\frac{1}{13},\ P(B)=\frac{m_B}{n}=\frac{26}{52}=\frac{1}{2},\ P(AB)=\frac{m_{AB}}{n}=\frac{2}{52}=\frac{1}{26}.$$

例 3 有 10 个形状相同的球,其中 2 个红球,8 个白球,从中任取 2 个球,记录球的颜色,求下列事件的概率.

(1) 2 个都是白球;

(2) 1 个红球 1 个白球;

(3) 至少 1 个红球.

解 从 10 个形状相同的球中任取 2 个,共有 $C_{10}^{2}=\frac{10\times 9}{2!}=45$ 种,则样本点总数为 45.

(1) 设 $A=\{2$ 个都是白球$\}$包含的样本点个数为 $C_8^2=\frac{8\times 7}{2!}=28$.由古典概率的计算公式可得

$$P(A)=\frac{C_8^2}{C_{10}^2}=\frac{28}{45}.$$

(2) 设 $B=\{1$ 个红球 1 个白球$\}$包含的样本点个数为 $C_2^1C_8^1=2\times8=16$.由古典概率的计算公式可得

$$P(B)=\frac{C_2^1C_8^1}{C_{10}^2}=\frac{16}{45}.$$

(3) 设 $C=\{$至少 1 个红球$\}$包含两种情况:“1 个红球 1 个白球”和“2 个红球”,样本点个数为 $C_2^1C_8^1+C_2^2=2\times8+1=17$.由古典概率的计算公式可得

$$P(B)=\frac{C_2^1C_8^1+C_2^2}{C_{10}^2}=\frac{17}{45}.$$

课后练习

1. 从 6 名同学中任选 2 人,分别负责扫地和擦黑板两项工作,共有多少种不同的选法?

2. 从 3 名女生和 5 名男生中任选 3 人参加植树活动,要求至少有 1 名男生,共有多少种不同的选法?

3. 一盒元件共 20 个,其中 16 个合格品,4 个次品,从这些元件中任取 3 个,求有次品的概率.

4. 设将一颗均匀的骰子连掷两次,求(1)两次的点数之和为 7 的概率;(2)至少出现一次 6 点的概率.

5. 从 1、2、3、4、5 这 5 个数字中任取一个数,取后放回,而后再取一个数,试求取出的两个数字不同的概率.

第三节　概率的计算

问题引入

有 10 个形状相同的球,其中 2 个红球,8 个白球,每名同学们依次从中任取 1 个球且不放回.已知第一名同学取到的是红球,第二名同学取得红球的概率是多少?

知识准备

一、条件概率

设两个事件 A、B，且 $P(B)>0$，则称 $P(A|B)=\dfrac{P(AB)}{P(B)}$ 为事件 B 发生的条件下，事件 A 发生的**条件概率**.同理，$P(A)>0$，有 $P(B|A)=\dfrac{P(AB)}{P(A)}$.

知识巩固

例 1 掷两颗均匀骰子，已知第一颗掷出 5 点，问"两次点数之和小于 8"的概率是多少？

解 设 $A=\{$第一颗掷出 5 点$\}$，$B=\{$两次点数之和小于 8$\}$，有

$$P(A)=\frac{1}{6},\ P(AB)=\frac{2}{36},$$

由公式可得 $P(B|A)=\dfrac{P(AB)}{P(A)}=\dfrac{1}{3}$.

知识准备

二、乘法公式

由条件概率的定义可得：

(1) 若 $P(B)>0$，$P(AB)=P(A|B)P(B)$；

(2) 若 $P(A)>0$，$P(AB)=P(B|A)P(A)$.

这两个式子称为概率的**乘法公式**.

知识巩固

例 2 某厂生产的某一批产品的废品率为 5%，而合格品中有 80% 是一等品，求一等品率.

解 设 $A=\{$合格品$\}$，$B=\{$一等品$\}$，由题意可知

$$P(A)=1-5\%=0.95,\ P(B|A)=0.8,\ B\subset A,$$

所以 $P(B)=P(AB)=P(B|A)P(A)=0.76$.

知识准备

三、加法公式

设两个事件 A、B,有 $P(A+B)=P(A)+P(B)-P(AB)$.特别的,当事件 A 与 B 互不相容时,$P(A+B)=P(A)+P(B)$.

加法公式可以推广到有限多个事件相加的情形,例如:

$$P(A+B+C)=P(A)+P(B)+P(C)-P(AB)-P(AC)-P(BC)+P(ABC).$$

若事件 A、B、C 互不相容,则

$$P(A+B+C)=P(A)+P(B)+P(C).$$

知识巩固

例 3 统计某年级两个科目的考试情况,甲科目及格的人数占总人数的 80%,乙科目及格的人数占总人数的 90%,甲科目和乙科目都及格的人数占总人数的 75%,甲科目和乙科目都不及格的人数占总人数多少?

解 设 $A=\{$甲科目及格$\}$,$B=\{$乙科目及格$\}$,$AB=\{$甲科目和乙科目都及格$\}$,两个科目至少一门及格的概率为

$$P(A+B)=P(A)+P(B)-P(AB)=0.8+0.9-0.75=0.95,$$

两个科目都不及格的概率为

$$P(\overline{A+B})=1-0.95=0.05.$$

问题引入

有 10 个形状相同的球,其中 2 个红球,8 个白球,每名同学们依次从中任取 1 个球且不放回.第二名同学取得红球的概率是多少?

知识准备

四、全概率公式

设 $A_1, A_2, \cdots, A_n, \cdots$是有限个或者可数个事件,且满足

(1) $A_i \cap A_j = \varnothing$, $i, j = 1, 2, \cdots, i \neq j$;

(2) $\bigcup\limits_{i} A_i = \Omega$, $i = 1, 2, \cdots$,

则称 $A_1, A_2, \cdots, A_n, \cdots$ 是一个完备事件组.

设 $A_1, A_2, \cdots, A_n$ 是一个完备事件组,那么,对任一事件 B 均有

$$
\begin{aligned}
P(B) &= P(A_1)P(B|A_1) + P(A_2)P(B|A_2) + \cdots + P(A_n)P(B|A_n) \\
&= \sum_{i=1}^{n} P(A_i)P(B \mid A_i),
\end{aligned}
$$

此公式称为**全概率公式**.

特殊的,A 和 $\bar{A}$ 构成一个完备事件组,对任一事件 B,由全概率公式可得

$$P(B) = P(A)P(B|A) + P(\bar{A})P(B|\bar{A}).$$

全概率公式的主要用处在于它可以将一个复杂事件的概率计算问题,分解为若干个简单事件的概率计算问题,最后应用概率的可加性求出最终结果.

知识巩固

例 4 有一批同一型号的产品,已知甲、乙、丙三个厂生产的产品分别占 20%、30%、50%,已知这三个厂的产品次品率分别为 2%、1.5%、1%,从这批产品中任取一件是次品的概率是多少?

解 设 $A_1=\{$甲厂生产的$\}$,$A_2=\{$乙厂生产的$\}$,$A_3=\{$丙厂生产的$\}$,$B=\{$次品$\}$,有

$$
\begin{aligned}
P(B) &= P(A_1)P(B|A_1) + P(A_2)P(B|A_2) + P(A_3)P(B|A_3) \\
&= 0.2 \times 0.02 + 0.3 \times 0.015 + 0.5 \times 0.01 \\
&= 0.013\,5,
\end{aligned}
$$

因此,从这批产品中任取一件是次品的概率是 1.35%.

例 5 袋中有 m 个白球和 n 个黑球,不放回地摸出球两次,问第二次摸出白球的概率为多少?

解 设 $A_1=\{$第一次摸出白球$\}$,$A_2=\{$第二次摸出白球$\}$,由题意可知

$$
\begin{aligned}
P(A_2) &= P(A_1)P(A_2|A_1) + P(\bar{A}_1)P(A_2|\bar{A}_1) \\
&= \frac{m}{m+n} \times \frac{m-1}{m+n-1} + \frac{n}{m+n} \times \frac{m}{m+n-1} \\
&= \frac{m}{m+n},
\end{aligned}
$$

以此类推,不放回地摸出球,每一次摸出白球的概率都是$\frac{m}{m+n}$,这体现了抽签好坏与抽签次序无关的公平性.

问题引入

有一批同一型号的产品,已知甲、乙、丙三个厂生产的分别占 20%、30%、50%,已知这三个厂的产品次品率分别为 2%、1.5%、1%,从这批产品中任取一件是次品,这件产品由甲厂生产的概率是多少?

知识准备

五、贝叶斯公式

设 $A_1, A_2, \cdots, A_n$ 是一个完备事件组,那么,对任意事件 $B(P(B)>0)$有

$$P(A_i \mid B)=\frac{P(A_i)P(B \mid A_i)}{\sum_{j=1}^{n} P(A_j)P(B \mid A_j)},\ i=1,\ 2,\ \cdots,\ n.$$

此公式称为**贝叶斯公式**,也称**逆概率公式**.

知识巩固

例 6　由以往的数据可知,每天早上开动时,机器状态良好的概率是 90%,若机器状态良好时产品的合格品率为 95%,若机器发生某种故障时产品的合格品率为 60%.已知某一天早上第 件产品是合格品,问机器状态良好的概率是多少?

解　设 $A=\{$机器状态良好$\}$,$\bar{A}=\{$机器发生某种故障$\}$,$B=\{$产品是合格品$\}$,有

$$\begin{aligned}P(A|B)&=\frac{P(A)P(B|A)}{P(A)P(B|A)+P(\bar{A})P(B|\bar{A})}\\&=\frac{0.9\times0.95}{0.9\times0.95+0.1\times0.6}\\&\approx0.93,\end{aligned}$$

所以,已知某一天早上第一件产品是合格品,机器状态良好的概率是 93%.

题中概率 90%是由以往的数据分析得到的,叫做**先验概率**;而在得到信息之后再重新加以修正的概率 93%叫做**后验概率**.

问题引入

从一副不含大小王的扑克牌中任取一张，设事件 $A=\{抽到1\}$，$B=\{抽到红色牌\}$，问事件 A 的发生是否影响事件 B 发生的概率？

知识准备

六、事件的独立性

对于两个事件 A、B，若其中一个事件的发生不影响另外一个事件发生的概率，即

$$P(A|B)=P(A) \text{或} P(B|A)=P(B),$$

则称事件 A、B **相互独立**，简称 A 与 B **独立**.

那么乘法公式可以写作 $P(AB)=P(A)P(B)$，用这个式子表示事件 A、B 相互独立更为直观.

若事件 A 与 B 独立，则事件 A 与 $\bar{B}$、$\bar{A}$ 与 B、$\bar{A}$ 与 $\bar{B}$ 也相互独立.

可以利用定义来判断事件的独立性，但在实际应用中，常常根据实际意义去判断两事件是否独立.

知识巩固

例 7 加工某产品需两道工序，第一道工序合格品率为 98%，第二道工序合格品率为 95%，假设两道工序是否为合格品是相互独立的，求产品的合格率.

解 设 $A_1=\{第一道工序合格品\}$，$A_2=\{第二道工序合格品\}$，$B=\{产品是合格品\}$，有

$$P(B)=P(A_1A_2)=P(A_1)P(A_2)=0.98\times0.95=0.931,$$

所以，产品的合格率为 93.1%.

知识引入

(1) 连续抛掷硬币 10 次，观察正面出现的次数；

(2) 连续抛掷骰子 10 次，观察 1 点出现的次数；

(3) 从合格率为 90% 的一批产品中，有放回地每次抽取 1 件产品，重复 20 次，观察抽取的合格产品数.

知识准备

七、伯努利概型

上述试验有如下共同的特点.

(1) 重复试验;

(2) 每次试验之间相互独立;

(3) 每次试验只有两种可能的结果:“正面”和“反面”,“1 点”和“不是 1 点”,“合格品”和“不是合格品”;

(4) 每次试验出现这些结果的概率不变:出现“正面”的概率为$\frac{1}{2}$,出现“1 点”的概率为$\frac{1}{6}$,出现“合格品”的概率为 90%.

若一个随机试验只有两种可能的结果 A 与 $\bar{A}$,则称这样的试验为**伯努利试验**.

将伯努利试验在相同的条件下独立地重复 n 次,且 $P(A)=p$,则称这样的试验为 ***n* 重伯努利试验**.

n 重伯努利试验中事件 A 发生 $k(0\leqslant k\leqslant n)$次的概率为

$$p_k=P_n(k)=\mathrm{C}_n^k p^k(1-p)^{n-k}(k=0,\ 1,\ 2,\ \cdots,\ n).$$

将此概率称为**二项概率**,由伯努利试验和二项概率得到的概率模型称为**二项概型**或**伯努利概型**.

知识巩固

例 8　设某次考试某考生有 3 道选择题不会做,于是随意填写.每道选择题均有 4 个选项,其中一个为正确答案.该考试能答对 $k(k=0,\ 1,\ 2,\ 3)$道题的概率是多少?

解　设 $A=\{$答对一道选择题$\}$,$P(A)=\frac{1}{4}$,完成三道选择题可看做是 3 重伯努利试验,事件 A 发生 $k(0\leqslant k\leqslant n)$次的概率为

$$p_k=P_3(k)=\mathrm{C}_3^k\left(\frac{1}{4}\right)^k\left(1-\frac{1}{4}\right)^{3-k}(k=0,\ 1,\ 2,\ 3),$$

计算可得 $p_0=\frac{27}{64}$, $p_1=\frac{27}{64}$, $p_2=\frac{9}{64}$, $p_3=\frac{1}{64}$.

课后练习

1. 有 10 个形状相同的球，其中 2 个红球，8 个白球，每位同学依次从中任取一个球且不放回，问：

(1) 已知第一位同学取到的是白球，那么第二位同学取到红球的概率是多少？

(2) 已知第二位同学取到的是白球，那么第一位同学取到红球的概率是多少？

2. 某地一周内刮风的概率为$\frac{4}{15}$，下雨的概率为$\frac{2}{15}$，既刮风又下雨的概率为$\frac{1}{10}$，求：

(1) 在刮风的条件下，下雨的概率；

(2) 在下雨的条件下，刮风的概率.

3. 两台机床加工同样的一批零件，第一台机床加工的零件占 40%，第二台加工的零件占 60%，第一台的废品率为 5%，第二台的废品率为 5%. 求从这批零件中任取一件是合格品的概率.

4. 市场上有甲、乙、丙三家工厂生产的同一产品，已知三家工厂的市场占有率分别为 20%、40%、40%，且三家工厂的次品率分别为 1%、2%、3%.

(1) 求市场上该产品的次品率；

(2) 如果买了一件该商品，发现是次品，那么该次品是甲、乙、丙厂生产的概率分别为多少？

5. 对某厂的产品进行质量检查，现从一批产品中重复抽样，共取 100 件样品，结果发现其中有 2 件废品，问能否相信此工厂出废品率不超过 0.005？

6. 设玻璃杯整箱出售，每箱 20 只，各箱含 0、1、2 只次品的概率分别为 0.8、0.1、0.1，一位顾客欲购买一箱玻璃杯，由营业员任取一箱，经顾客开箱随机查看 4 只，若无次品，则买此箱玻璃杯，否则退回. 试求顾客买下此箱玻璃杯的概率.

复 习 题

1. 选择题.

(1) 袋中有 5 个黑球，3 个白球，从中任取 4 个，则所取 4 个球中恰好有 3 个白球的概率是(　　)；

A. $\frac{3}{8}$　　B. $\left(\frac{5}{8}\right)^5 \cdot \frac{1}{8}$　　C. $C_8^4\left(\frac{3}{8}\right)^5 \frac{1}{8}$　　D. $\frac{5}{C_8^4}$

(2) 假设 A、B 为两个互斥事件，则下列关系中，不一定正确的是(　　).

A. $P(A+B)=P(A)+P(B)$　　　B. $P(A)=1-P(B)$

C. $P(AB)=0$　　　D. $P(A|B)=0$

2. 填空题.

(1) 一批电子元件共有 100 个，次品率为 0.05，连续两次不放回地从中任取一个，则第二次才取到正品的概率为________；

(2) 同时抛掷 3 枚匀称的硬币，恰好两枚正面向上的概率为________；

(3) 用$\subset$连接：$B\bar{A}$、$B\cup\bar{A}$、B、Ω、$\varnothing$为________________________；

(4) 同时掷两颗骰子，出现点数之和为 10 的概率为________.

3. 计算题.

(1) 3 个人独立地去破译一份密码，已知各人能译出的概率分别为$\frac{1}{5}$、$\frac{1}{3}$、$\frac{1}{4}$，求能将密码译出的概率；

(2) 某公司采购一批电视机，经检验，外观有缺陷的占 5%，显像管有缺陷的占 6%，其它部分有缺陷的占 8%，外观和显像管有缺陷的占 0.3%，显像管和其他部分有缺陷的占 0.5%，外观和其他部分有缺陷的占 0.4%，三者都有缺陷的占 0.02%.从中任取一件，求(1)至少有一种缺陷的概率；(2)一种缺陷都没有的概率.

拓展阅读

数学家的故事

——雅科布·伯努利

第六章

随机变量及其分布

随机变量是从样本空间到实数轴的一个广义的实值函数,是反映试验结果的一个数量指标.随机变量是概率论中非常重要的概念,它的引入使得人们可以用数学分析的方法来研究随机现象.本章首先介绍随机变量的相关概念,再对离散型随机变量和连续型随机变量进行讨论.

第一节 随机变量

知识引入

试验 1:抛掷一颗骰子,观察出现的点数;

试验 2:从一批灯泡中任取一只,观测灯泡的寿命;

试验 3:抛掷一枚硬币,观察出现正面还是反面.

知识准备

在上述 3 个试验中,试验 1 和试验 2 的结果本身就是一个数值,可以用变量的值来表示试验的结果.例如:用“X”来表示“骰子出现的点数”,$\{X=6\}$表示“出现 6 点”;用“Y”来表示“灯泡的寿命”,$\{Y=200\}$表示“灯泡的寿命为 200 h”.

而在试验 3 中,试验结果看来与数值无关,但可以引进一个变量,把试验结果数值化.例如,用$\{Z=1\}$表示“出现正面”,$\{Z=0\}$表示“出现反面”.

若随机变量的结果可以用带有随机性变量的取值来表示,则称这个变量为**随机变量**,用大写字母 X、Y、Z 等表示,其可取值为实数,用小写字母 x、y、z 等表示.

随机变量有如下特点.

(1) 随机变量的取值带有随机性;

(2) 随机变量取各个值有一定的概率.

随机变量按其取值情况,可分为两类:离散型随机变量和非离散型随机变量.如果随机变量的所有取值是有限个或者无限可列个,则称为**离散型随机变量**.非离散型随机变量中最重要的是**连续型随机变量**.本章主要讨论离散型随机变量和连续型随机变量.在上述 3 个试验中,试验 1 和试验 3 是离散型随机变量,试验 2 是连续型随机变量.

知识巩固

例　从某厂生产的一批产品中,任取 10 个进行检测,则可用随机变量 X 来表示“检测到的次品数”.

课后练习

引入适当的随机变量描述下列事件：

(1) 将 5 个球随机地放入 5 个格子中，事件 $A=\{$有 1 个空格$\}$，$B=\{$有 2 个空格$\}$，$C=\{$5 个格子全有球$\}$；

(2) 进行 3 次试验，事件 $D=\{$试验成功一次$\}$，$E=\{$试验至少成功一次$\}$，$F=\{$至多成功 2 次$\}$.

第二节 离散型随机变量

知识引入

由上一节可知，抛掷一颗骰子，可用“X”来表示“骰子出现的点数”，那么应该怎样表示每个点数出现的概率呢？

知识准备

一、离散型随机变量的分布律

设离散型随机变量 X 所有可能的取值为 $x_1, x_2, \cdots, x_n, \cdots$，且取这些值的概率为 $P\{X=x_i\}=p_i(i=1, 2, \cdots, n, \cdots)$，这个式子称为**离散型随机变量 X 的分布律**，简称**分布律**，也可列表表示为

X	x_1	x_2	$\cdots$	x_n	$\cdots$
p_k	p_1	p_2	$\cdots$	p_n	$\cdots$

离散型随机变量 X 的分布律具有如下两个性质.

(1) **非负性**：$p_i \geqslant 0(i=1, 2, \cdots, n, \cdots)$；

(2) **完备性**：$\sum\limits_i p_i=1$.

知识巩固

例 1 设有 10 件产品，其中 6 件正品，4 件次品，从中任取 3 件，记 X 为其中次品的件数，求 X 的分布律.

解 X 的可能取值为 0、1、2、3.

$X=0$ 时，取得 3 件都是正品，其概率为 $P\{X=0\}=\dfrac{C_6^3}{C_{10}^3}=\dfrac{1}{6}$；

$X=1$ 时，取得 2 件正品 1 件次品，其概率为 $P\{X=1\}=\dfrac{C_6^2C_4^1}{C_{10}^3}=\dfrac{1}{2}$；

$X=2$ 时，取得 1 件正品 2 件次品，其概率为 $P\{X=2\}=\dfrac{C_6^2C_4^1}{C_{10}^3}=\dfrac{3}{10}$；

$X=3$ 时，取得 3 件都是次品，其概率为 $P\{X=3\}=\dfrac{C_4^3}{C_{10}^3}=\dfrac{1}{30}$.

随机变量 X 的分布律也可列表表示为

X	0	1	2	3
p_k	$\frac{1}{6}$	$\frac{1}{2}$	$\frac{3}{10}$	$\frac{1}{30}$

知识引入

试验 1：抛掷一枚硬币，观察出现正面还是反面；

试验 2：从一批合格品率为 90%的产品中任取一件，检测它是合格品还是不合格品.

这两个试验都只观察一次，而且试验的可能结果只有两个："正面"和"反面"，"合格品"与"不合格品".

知识准备

二、两点分布（0-1 分布）

设离散型随机变量 X 只能取 0 和 1 两个值，它的分布律是

$$P\{X=k\}=p^k(1-p)^{1-k}\ (k=0,\ 1,\ 0<p<1),$$

则称服从**两点分布（0-1 分布）**.

分布律可以列表表示为

X	0	1
p_k	$1-p$	p

例如,在试验 1 中定义:

$$X=\begin{cases}0,\ 反面朝上,\\1,\ 反面朝上.\end{cases}$$

则其分布律可以列表表示为

X	0	1
p_k	$\frac{1}{2}$	$\frac{1}{2}$

在试验 2 中定义:

$$Y=\begin{cases}0,不合格品,\\1,合格品.\end{cases}$$

则其分布律可以列表表示为

Y	0	1
p_k	10%	90%

知识引入

试验 3:抛掷一枚硬币 10 次,记录正面出现的次数;

试验 4:从一批合格品率为 90%的产品中有放回地抽取 5 件,记录合格品的个数.

知识准备

三、二项分布

n 重伯努利试验中事件 A 发生的次数记为 X,每次试验中表示 A 发生的概率为 $p(0<p<0)$,那么 X 是一个离散型随机变量,它的分布律为

$$P\{x=k\}=C_n^k p^k(1-p)^{n-k}(k=0,\ 1,\ 2,\ \cdots,\ n),$$

则称 X 服从参数为 n, p 的**二项分布**,记为 $X\sim B(n,\ p)$.

试验 3 中正面出现的次数记为 X,那么 $X\sim B\left(10,\ \frac{1}{2}\right)$;试验 4 中合格品的个数记为

Y,那么 $Y \sim B(5,\ 0.9)$.

知识巩固

例 2 某类灯泡使用时数在 1 000 h 以上的概率是 0.2,求三个灯泡在使用 1 000 h 以后最多只有一个坏了的概率.

解 设 X 为三个灯泡在使用 1 000 h 已坏的灯泡数.

由题意可知 $X \sim B(3,\ 0.8)$,它的分布律为

$$P\{x=k\}=C_3^k 0.8^k (1-0.8)^{3-k}\ (k=0,\ 1,\ 2,\ 3),$$

所以,最多只有一个坏了的概率为

$$P\{x \leqslant k\}=P\{x=0\}+P\{x=1\}=C_3^0 0.8^0 0.2^3+C_3^1 0.8^1 0.2^2=0.104.$$

例 3 设 $X \sim B(2,\ p)$, $Y \sim B(3,\ p)$, $P\{X \geqslant 1\}=\dfrac{5}{9}$,试求 $P\{Y \geqslant 1\}$.

解 由 $P\{X \geqslant 1\}=\dfrac{5}{9}$ 可知,$P\{X=0\}=1-P\{X \geqslant 1\}=\dfrac{4}{9}$,即

$$C_2^0 p^0 (1-p)^2=\frac{4}{9},$$

因此

$$p=\frac{1}{3},$$

再由 $Y \sim B\left(3,\ \dfrac{1}{3}\right)$ 可得

$$P\{Y \geqslant 1\}=1-P\{Y=0\}=1-C_3^0\left(\frac{1}{3}\right)^0\left(\frac{1}{3}\right)^2=\frac{19}{27}.$$

知识准备

四、泊松分布

设离散型随机变量 X 所有可能的取值为 0, 1, 2, …, 而取各个值的概率为

$$P\{X=k\}=\frac{\lambda^k e^{-\lambda}}{k!}\ (k=0,\ 1,\ 2,\ \cdots),$$

则称 X 服从参数为 λ 的**泊松分布**,记为 $X \sim P(\lambda)$.

泊松分布的计算较为复杂,通常可查看泊松分布表(附录 2)得出结果.

当试验次数 n 很大时,计算二项分布 $X \sim B(n, p)$ 的概率很复杂.当 n 很大,p 很小时($\lambda = np$),有以下近似式成立:

$$C_n^k p^k (1-p)^{n-k} \approx \frac{\lambda^k e^{-\lambda}}{k!}.$$

实际应用中,当 $n \geqslant 10$, $p \leqslant 0.1$ 时,就可用上述近似式计算**二项分布的近似概率**.

知识巩固

例 4 某电话交换台每分钟接到的呼叫次数 X 服从参数为 5 的泊松分布,求在 1 min 内呼叫次数不超过 6 次的概率.

解 因为 $X \sim P(5)$,所以

$$P\{X=k\} = \frac{5^k e^{-5}}{k!} \ (k=0, 1, 2, \cdots),$$

1 min 内呼叫次数不超过 6 次的概率为

$$P(X \leqslant 6) = \sum_{k=0}^{6} P(X=k) = \sum_{k=0}^{6} \frac{5^k}{k!} e^{-5} \approx 0.762\ 2.$$

例 5 某人射击的命中率为 0.02,他独立射击 400 次,试求其命中次数不少于 2 的概率.

解 设 X 表示独立射击 400 次命中的次数,则

$$X \sim B(400, 0.02),$$

取 $\lambda = np = 400 \times 0.02 = 8$,则命中次数不少于 2 的概率为

$$P(X \geqslant 2) = 1 - P(X < 2) \approx 0.967\ 0.$$

课后练习

1. 某商店销售某种水果,进货后第一天售出的概率为 65%,每 500 g 的毛利为 15 元;第二天售出的概率为 30%,每 500 g 的毛利为 8 元;第三天售出的概率为 5%,每 500 g 的毛利为 -1 元,求销售此种水果每 500 g 所得毛利 X 的概率分布律.

2. 从某大学到火车站的途中有 6 个交通岗,假设在各个交通岗是否遇到红灯相互独立,并且遇到红灯的概率都是 $\frac{1}{3}$.

(1) 设 X 为汽车行驶途中遇到的红灯数，求 X 的分布律；

(2) 求汽车行驶途中至少遇到 5 次红灯的概率.

3. 设离散型随机变量 X 的概率分布律可以列表表示为

X	1	2	3
P	a	$2a$	$3a$

(1)求常数 a 的值；(2)求 $P\{x<3\}$.

4. 某射手连续向一目标射击，直到命中为止，已知他每发命中的概率是 p，求所需射击发数 X 的分布律.

5. 设同型号的纺织机工作是相互独立的，发生故障的概率都是 0.01.

(1) 若由 1 人维修 20 台纺织机；

(2) 若由 3 人负责 80 台纺织机.

以上两种情况下，试分别求纺织机发生故障需要等待维修的概率.

6. 设随机变量 X 服从参数为 5 的泊松分布，求概率 $P\{x<8\}$ 和 $P\{x=5\}$.

7. 设随机变量 X 服从参数为 λ 的泊松分布，且已知 $P\{x=1\}=P\{x=2\}$，求概率 $P\{x=4\}$.

第三节　随机变量的分布函数

知识准备

设 X 是一个随机变量，x 是任意实数，函数 $F(x)=P\{X\leqslant x\}$ 称为随机变量 X 的**分布函数**.

分布函数的性质如下.

(1) $F(x)$的定义域为 $\mathbf{R}$，值域为$[0,1]$；

(2) $F(x)$是单调不减函数，即若 $x_1<x_2$，则有 $F(x_1)\leqslant F(x_2)$；

(3) $F(x)$在定义域内右连续，即 $\lim\limits_{x\to x_0^+}F(x)=F(x_0)$；

(4) $\lim\limits_{x\to-\infty}F(x)=0$，$\lim\limits_{x\to+\infty}F(x)=1$；

(5) $P\{a<X\leqslant b\}=F(b)-F(a)$，特别的 $P\{X>a\}=1-P\{X\leqslant a\}=1-F(a)$.

分布函数是一个普通的函数，通过它，可以用高等数学的工具来研究随机变量.只要知道了随机变量 X 的分布函数，它的统计特性就可以得到全面的描述.

设离散型随机变量 X 的分布律是

$$P\{X=x_i\}=p_i(i=1,2,\cdots,n,\cdots),$$

则其分布函数为

$$F(x)=P\{X\leqslant x\}=\sum_{x_i\leqslant x}p_i.$$

知识巩固

例 1　设随机变量 X 的分布律可以列表表示为

X	0	1	2
p_k	$\frac{1}{3}$	$\frac{1}{6}$	$\frac{1}{2}$

求随机变量 X 的分布函数.

解　当 $x<0$ 时，$F(x)=P\{X\leqslant x\}=0$；

当 $0\leqslant x<1$ 时，$F(x)=P\{X\leqslant x\}=P\{X=0\}=\frac{1}{3}$；

当 $1\leqslant x<2$ 时，$F(x)=P\{X\leqslant x\}=P\{X=0\}+P\{X=1\}=\frac{1}{3}+\frac{1}{6}=\frac{1}{2}$；

当 $x\geqslant 2$ 时，$F(x)=P\{X\leqslant x\}=P\{X=0\}+P\{X=1\}+P\{X=2\}=\frac{1}{3}+\frac{1}{6}+\frac{1}{2}=1.$

故

$$F(x)=\begin{cases}0, & x<0,\\ \frac{1}{3}, & 0\leqslant x<1,\\ \frac{1}{2}, & 1\leqslant x<2,\\ 1, & x\geqslant 2.\end{cases}$$

课后练习

1. 选择题.

设随机变量 X 的分布函数为 $F(x)$，下列结论不一定成立的是(　　).

A. $F(+\infty)=1$　　　　B. $F(-\infty)=0$

C. $0\leqslant F(x)\leqslant 1$　　　　D. $F(x)$

2. 下列 4 个函数,哪个是随机变量的分布函数?为什么?

(1) $F_1(x)=\begin{cases}0, & x<-2,\\ \frac{1}{2}, & -2\leqslant x<0,\\ 2, & x\geqslant 0;\end{cases}$　　(2) $F_2(x)=\begin{cases}0, & x<0,\\ \sin x, & 0\leqslant x<\pi,\\ 1, & x\geqslant\pi;\end{cases}$

(3) $F_3(x)=\begin{cases}0, & x<0,\\ \sin x, & 0\leqslant x<\frac{\pi}{2},\\ 1, & x\geqslant\frac{\pi}{2};\end{cases}$　　(4) $F_4(x)=\begin{cases}0, & x\leqslant 0,\\ x+\frac{1}{3}, & 0<x<\frac{1}{2},\\ 1, & x\geqslant\frac{1}{2}.\end{cases}$

3. 设随机变量 X 的分布律可以列表表示为

X	-1	1
p_k	$\frac{2}{3}$	$\frac{1}{3}$

求随机变量 X 的分布函数.

4. 设随机变量 X 的分布律可以列表表示为

X	1	2	3	4
p_k	$\frac{1}{4}$	$\frac{1}{3}$	$\frac{1}{6}$	$\frac{1}{4}$

求随机变量 X 的分布函数.

第四节　连续型随机变量

知识引入

可以用分布律来刻画离散型随机变量在各个离散点处的概率,那么连续性随机变量在某个区间内的概率又该如何表示呢?

知识准备

一、连续型随机变量的概率密度函数

如果随机变量 X 的取值范围为某个实数区间 I,且存在非负函数 $f(x)$ 使得对于区间

I 上的任意实数 a、$b(a<b)$ 均有

$$P\{a < X \leqslant b\} = \int_a^b f(x)\mathrm{d}x,$$

则称 X 为**连续型随机变量**,函数 $f(x)$ 称为连续型随机变量的**概率密度函数**,简称**密度函数**,概率密度函数的图像称为**密度曲线**.

连续型随机变量 X 的**分布函数** $F(x)=P\{X \leqslant x\}=\int_{-\infty}^{x} f(t)\mathrm{d}t$.

概率密度函数具有如下性质.

(1) 非负性:$f(x)\geqslant 0$;

(2) 完备性:$\int_{-\infty}^{+\infty} f(x)\mathrm{d}x=1$.

由定积分的定义可知:

(1) 连续型随机变量 X 取某一实数值的概率为零,即

$$P\{X=c\}=\int_c^c f(x)\mathrm{d}x=0;$$

(2) 连续型随机变量在任意区间上取值的概率与端点无关,即

$$P\{a<X<b\}=P\{a<X\leqslant b\}=P\{a\leqslant X<b\}=P\{a\leqslant X\leqslant b\};$$

(3) 若 $f(x)$ 在点 x 处连续,则 $F'(x)=f(x)$.

知识巩固

例 1　设连续型随机变量 X 的概率函数为

$$f(x)=\begin{cases} A(1-x), & 0\leqslant x\leqslant 1, \\ 0, & \text{其他}, \end{cases}$$

求未知数 A.

解　由概率密度函数的完备性可得

$$\int_{\infty}^{+\infty} f(x)\mathrm{d}x=\int_0^1 A(1-x)\mathrm{d}x=1.$$

计算定积分可得

$$\int_0^1 A(1-x)\mathrm{d}x=A\left(x-\frac{x^2}{2}\right)\Big|_0^1=\frac{1}{2}A.$$

所以

$$A=2.$$

知识准备

二、均匀分布

如果连续型随机变量 X 的概率密度函数为 $f(x)=\begin{cases}\dfrac{1}{b-a}, & a<x<b,\\ 0, & 其他,\end{cases}$ 则称 X 在区间 (a, b) 上服从**均匀分布**，记为 $X\sim U(a, b)$.

X 的分布函数为 $F(x)=P\{X\leqslant x\}=\begin{cases}0, & x<a,\\ \dfrac{x-a}{b-a}, & a\leqslant x<b,\\ 1, & x\geqslant b.\end{cases}$

均匀分布常见于下列情形：

(1) 在数值计算中，由于四舍五入，小数点后某一位小数引入的误差；

(2) 公交线路上两辆公共汽车前后通过某汽车停车站的时间，即乘客的候车时间等.

知识巩固

例 2 公共汽车站每隔 5 min 有一辆汽车通过，乘客在 5 min 内任一时刻到达汽车站是等可能的，求乘客候车时间在 1～3 min 内的概率.

解 设 X 表示乘客候车时间，则 $X\sim U(0, 5)$，其概率密度函数为

$$f(x)=\begin{cases}\dfrac{1}{5}, & 0<x<5,\\ 0, & 其他.\end{cases}$$

候车时间在 1～3 min 内的概率为

$$P\{1<X<3\}=\int_1^3 f(x)\mathrm{d}x=\frac{3-1}{5-0}=\frac{2}{5}.$$

知识准备

三、指数分布

如果连续型随机变量 X 的概率密度函数 $f(x)=\begin{cases}\dfrac{1}{\theta}\mathrm{e}^{-\frac{x}{\theta}}, & x>0,\\ 0, & x\leqslant 0,\end{cases}$ 其中 $\theta>0$，则称 X

服从参数为 θ 的**指数分布**.

X 的分布函数为 $F(x)=P\{X\leqslant x\}=\begin{cases}1-e^{-\frac{x}{\theta}}, & x>0,\\ 0, & 其他.\end{cases}$

知识巩固

例 3　电子元件的寿命 X(单位:年)服从参数为 $\frac{1}{3}$ 的指数分布.

(1) 问该电子元件寿命超过 2 年的概率是多少?

(2) 已知该电子元件已使用了 1.5 年,它还能使用 2 年的概率为多少?

解　X 的概率密度函数为 $f(x)=\begin{cases}3e^{-3x}, & x>0,\\ 0, & x\leqslant 0.\end{cases}$

(1) 寿命超过 2 年的概率是

$$P\{X>2\}=\int_2^{\infty}f(x)\mathrm{d}x=\int_2^{\infty}3e^{-3x}\mathrm{d}x=e^{-6};$$

(2) 已使用了 1.5 年,它还能使用 2 年的概率为

$$P\{X>3.5\mid X>1.5\}=\frac{P\{X>3.5,\ X>1.5\}}{P\{X>1.5\}}=\frac{\int_{3.5}^{\infty}3e^{-3x}\mathrm{d}x}{\int_{1.5}^{\infty}3e^{-3x}\mathrm{d}x}=e^{-6}.$$

通过计算可知,寿命超过 2 年的概率和已使用了 1.5 年还能使用 2 年的概率是相等的,即 $P\{X>3.5|X>1.5\}=P\{X>2\}$.

服从指数分布的随机变量 X 都具有**无记忆性**,即对于任意 $s,\ t>0$,有

$$P\{X>s+t|X>s\}=P\{X>t\}.$$

知识准备

四、正态分布

如果连续型随机变量 X 的概率密度函数 $f(x)=\frac{1}{\sqrt{2\pi}\sigma}e^{-\frac{(x-\mu)^2}{2\sigma^2}}$,其中 μ、σ 为常数,且 $\sigma>0$,则称 X 服从参数为 μ、σ 的**正态分布**,记为 $X\sim N(\mu,\ \sigma^2)$.

正态分布的密度曲线有如下特征.

(1) 曲线关于直线 $x=\mu$ 对称;

(2) 曲线在 $x=\mu$ 处取最大值 $f(\mu)=\dfrac{1}{\sqrt{2\pi}\sigma}$；

(3) 曲线在 $x=\mu\pm\sigma$ 处有拐点；

(4) 曲线以 x 轴为水平渐近线；

(5) 若 σ 不变，μ 改变，则曲线的形状不变，曲线左右平移；

(6) 若 μ 不变，σ 改变，则曲线的对称轴不变，曲线的形状发生改变.σ 越大，曲线越平坦；σ 越小，曲线越陡峭.

正态分布的密度曲线如图 6-1 所示.

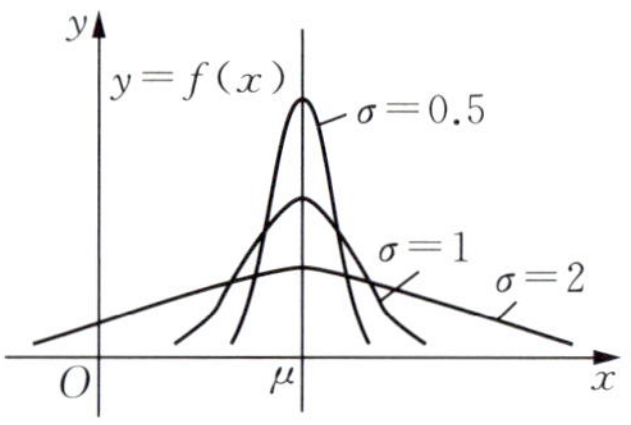

图 6-1

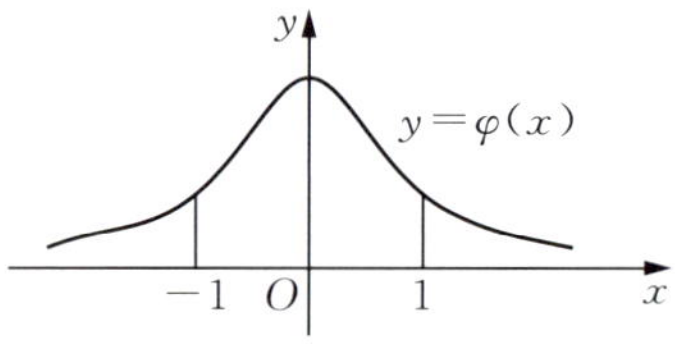

图 6-2

特别的当 $\mu=0$, $\sigma=1$ 时，称随机变量 X 服从**标准正态分布**，记为 $X\sim N(0,\ 1)$，概率密度函数为 $\varphi(x)=\dfrac{1}{\sqrt{2\pi}}e^{-\frac{x^2}{2}}$，分布函数为 $\Phi(x)=\dfrac{1}{\sqrt{2\pi}}\int_{-\infty}^{x}e^{-\frac{t^2}{2}}dt$.

标准正态分布的密度曲线如图 6-2 所示.

标准正态分布的分布函数的性质如下.

(1) $\Phi(-x)=1-\Phi(x)$；

(2) $\Phi(0)=0.5$.

定理 若 $X\sim N(\mu,\ \sigma^2)$，则 $\dfrac{X-\mu}{\sigma}\sim N(0,\ 1)$.

因为正态分布的分布函数的计算较为困难，所以编制了 $\Phi(x)$ 的近似值表(附录 1)，计算服从标准正态分布的随机变量在某个区间内的概率只需查该表.一般的正态分布利用上述定理转化为标准正态分布求解.

由标准正态分布的查表计算可以求得，当 $X\sim N(0,\ 1)$时，

$$P\{X\leqslant 1\}=2\Phi(1)-1=0.682\ 6;$$
$$P\{X\leqslant 2\}=2\Phi(2)-1=0.954\ 4;$$
$$P\{X\leqslant 3\}=2\Phi(3)-1=0.997\ 4.$$

这说明，X 的取值几乎全部集中在$[-3,\ 3]$区间内，超出这个范围的可能性仅占不到 0.3%.

将上述结论推广到一般的正态分布，若 $Y\sim N(\mu,\ \sigma^2)$, Y 的取值几乎全部集中在$[\mu-3\sigma,\ \mu+3\sigma]$区间内，这在统计学上称作 **3σ 准则**.

知识巩固

例 4　设随机变量 $X \sim N(0,\ 1)$，求

(1) $P\{X<-1.24\}$；(2) $P\{X>1.76\}$；(3) $P\{|X|<1.55\}$.

解　(1) $P\{X<-1.24\}=\Phi(-1.24)=1-\Phi(1.24)=1-0.8925=0.1075$；

(2) $P\{X>1.76\}=1-P\{X\leqslant 1.76\}=1-\Phi(1.76)=1-0.9608=0.0392$；

(3) $P\{|X|<1.55\}=P\{-1.55<X<1.55\}=\Phi(1.55)-\Phi(-1.55)=2\Phi(1.55)-1$

$=2\times 0.9394-1=0.8788$.

例 5　公共汽车车门的高度是按男子与车门顶头碰头概率在 0.01 以下来设计的.设男子身高为 X(单位:cm)，且 $X\sim N(170,\ 6^2)$，问车门高度应如何确定?

解　设车门高度为 h cm，按设计要求 $P\{X\geqslant h\}<0.01$，即 $P\{X<h\}\geqslant 0.99$.

因为 $X\sim N(170,\ 6^2)$，所以

$$\frac{X-170}{6}\sim N(0,\ 1),$$

故

$$P\{X<h\}=P\left\{\frac{X-170}{6}<\frac{h-170}{6}\right\}=\Phi\left(\frac{h-170}{6}\right)\geqslant 0.99.$$

查表得

$$\Phi(2.33)=0.9901\geqslant 0.99,$$

因此

$$\frac{h-170}{6}\geqslant 2.33,\ h\geqslant 183.98\approx 184.$$

设计车门高度至少为 184 cm 时，可使男子与车门碰头机会不超过 0.01.

课后练习

1. 设连续型随机变量 X 的概率函数为 $f(x)=a\mathrm{e}^{-|x|}$，求未知数 a.

2. 设连续型随机变量 X 的概率函数为 $f(x)=\begin{cases}\dfrac{a}{x^2},\ x>10,\\ 0,\ x\leqslant 10,\end{cases}$ 求未知数 a.

3. 设连续型随机变量 X 的概率函数为 $f(x)=\begin{cases}\dfrac{x}{2},\ 0<x<2,\\ 0,\ 其他,\end{cases}$ 求概率 $P\{-1\leqslant x\leqslant 1\}$.

4. 已知随机变量 X 在$(-3, 3)$上服从均匀分布，现有方程 $4y^2+4Xy+X+2=0$.

(1) 求方程有实根的概率；

(2) 求方程有重根的概率；

(3) 求方程没有实根的概率.

5. 设 $X\sim U(1, 6)$，对 X 进行 3 次独立观测，求至少有两次观测值大于 3 的概率.

6. 随机变量 X 服从参数为$\dfrac{200}{3}$的指数分布，

(1) 求 X 取值大于 100 的概率；

(2) 若要求 $P\{X>x\}<0.1$，问 x 应在什么范围内？

7. 设随机变量 $X\sim N(0, 1)$，求

(1) $P\{X<-1.21\}$；(2) $P\{X>0.5\}$；(3) $P\{|X|>1.34\}$.

8. 设随机变量 $X\sim N(3, 2^2)$，求

(1) $P\{0\leqslant X<5\}$；(2) $P\{X>2\}$；(3) $P\{|X|>1\}$.

9. 一种电子元件的使用寿命 X(单位:h)服从正态分布 $X\sim N(100, 15^2)$，某仪器上装有 3 个这种元件，3 个元件损坏与否是相互独立的.求使用的最初 90 h 内无一元件损坏的概率.

复　习　题

1. 选择题.

(1) 设 X 是连续型随机变量，则 $P\{X=100\}=(\quad)$；

A. 0　　B. $\dfrac{1}{3}$　　C. 1　　D. $\dfrac{1}{2}$

(2) 设 $X-N(0, 1)$，$F(X)$是 X 的分布函数，则 $F(0)=(\quad)$.

A. 1　　B. 0　　C. $\dfrac{1}{\sqrt{2\pi}}$　　D. $\dfrac{1}{2}$

2. 填空题.

(1) 设函数 $F(x)=\begin{cases}a-be^{-2x}, & x\geqslant 0,\\ 0, & x<0\end{cases}$为连续型随机变量 X 的分布函数，则 $a+b=$________；

(2) 已知 $D(X)=25$，$D(Y)=36$，X、Y 相互独立，则 $D(Y-X)=$______；

(3) 设随机变量 $X\sim N(0, 1)$，$\Phi(x)$为其分布函数，则 $\Phi(x)+\Phi(-x)=$______.

3. 计算题.

(1) 从 4 名男生和 2 名女生中任选 3 人参加演讲比赛，设随机变量 ξ 表示所选 3 人中女生的人数.

① 求 ξ 的分布列；

② 求"所选 3 人中女生人数 $\xi \leqslant 1$"的概率.

(2) 设随机变量 X 的概率密度为：$p(x)=\begin{cases}Ax^2, & 0<x<1,\\ 0, & \text{其他}.\end{cases}$ 求：①常数 A；②$P\left(X>\dfrac{1}{2}\right)$.

拓展阅读

数学家的故事
——贝叶斯

第七章

总体估计

数理统计是以概率论为理论基础，根据试验者观测的数据来研究随机现象的一个数学分支.用样本所包含的信息来估计总体，是研究统计问题的基本思想和方法.本章主要介绍数理统计的相关概念、参数的点估计和区间估计的基本知识.

第一节 统 计 量

知识引入

该如何获得一批灯泡的使用寿命？又该如何得到全省每个学校男生的身高？

灯泡的寿命检验是一个破坏性试验，即当得知一个灯泡寿命时，该灯泡的使用价值也就消失了.因此，不可能抽检每个灯泡.可以逐一测量每个学校学生的身高，但工作量大.需要的仅是对学校男生身高情况有个大致了解，因此，不必要抽测每个学校的男生身高.

数理统计是以概率论的理论为基础，对试验数据进行分析、研究，来推断随机现象的整体统计特性的一门数学分支.接下来，将介绍一些数理统计的基本概念.

知识准备

在数理统计中，把所研究对象的全体称为**总体**，而把组成总体的每个研究对象称为**个体**.总体中所含有的个体的总数称为总体的**容量**，它可以是有限的，也可以是无限的，因此总体分为**有限总体**和**无限总体**.

由于通常关注的是研究对象的某些数量指标，因此也称这些数量指标取值的全体为总体，其中每个元素称为**个体**.例如，检验一批灯泡寿命，受检的全体灯泡就是总体，每个灯泡就是个体.也可理解为全体灯泡寿命数值构成总体，每个灯泡的寿命数值为一个个体.又如，调查学校男生身高情况，学校全体男生就是总体，每个学校男生就是一个个体.也可理解为全体学校男生身高数值构成总体，每个学校男生身高数值就是一个个体.

在相同条件下对总体 X 进行 n 次独立、重复的观察，将 n 次观察结果依次记为 X_1，X_2，…，X_n，则称之为来自总体 X 的**样本容量**为 n 的一个**简单随机样本**；n 次试验完成后所得样本的一组观察值 x_1，x_2，…，x_n 称为**样本值**.例如，全体灯泡寿命数值是总体 X，抽取 10 个灯泡，它们的使用寿命 X_1，X_2，…，X_{10} 组成样本容量为 10 的简单随机样本，一次测试后得到的寿命数值 x_1，x_2，…，x_{10} 为一次抽样的样本值.

简单随机样本具有代表性和独立性，设 X_1，X_2，…，X_n 是来自总体 X 的一个样本，那么

(1) X_1，X_2，…，X_n 与总体 X 具有相同的分布；

(2) X_1，X_2，…，X_n 是相互独立的随机变量.

设 X_1，X_2，…，X_n 是来自总体 X 的一个样本，不包含未知参数的函数 $g(X_1$，

$X_2, \cdots, X_n$)称为**统计量**.$g(x_1, x_2, \cdots, x_n)$是 $g(X_1, X_2, \cdots, X_n)$的**观测值**.

下面介绍一些常用的统计量.

(1) 样本均值

$$\overline{X}=\frac{1}{n}\sum_{i=1}^{n}X_i,$$

其观测值为

$$\bar{x}=\frac{1}{n}\sum_{i=1}^{n}x_i.$$

(2) 样本方差

$$S^2=\frac{1}{n-1}\sum_{i=1}^{n}(X_i-\overline{X})^2,$$

其观测值为

$$s^2=\frac{1}{n-1}\sum_{i=1}^{n}(x_i-\bar{x})^2.$$

(3) 样本标准差

$$S=\sqrt{S^2}=\sqrt{\frac{1}{n-1}\sum_{i=1}^{n}(X_i-\overline{X})^2},$$

其观测值为

$$s=\sqrt{s^2}=\sqrt{\frac{1}{n-1}\sum_{i=1}^{n}(x_i-\bar{x})^2}.$$

下面给出正态总体中最常用的三个统计量.

(1) U 分布:$U=\dfrac{\overline{X}-\mu}{\sigma/\sqrt{n}}\sim N(0, 1)$;

(2) t 分布:$T=\dfrac{X-\mu}{S/\sqrt{n}}\sim t(n-1)$;

(3) χ^2 分布:$\chi^2=\dfrac{(n-1)S^2}{\sigma^2}\sim\chi^2(n-1)$.

设随机变量 X 的分布函数为 $f(x)$,对于给定实数 $\alpha(0<\alpha<1)$,若实数 F_α 满足

$$P\{X>F_\alpha\}=\alpha,$$

则称 F_α 为随机变量 X 的水平为 α 的**上侧临界值**(或**上侧分位数**).

若实数 $F_{\frac{\alpha}{2}}$ 满足

$$P\{|X|>F_{\frac{\alpha}{2}}\}=\alpha,$$

则称 $F_{\frac{\alpha}{2}}$ 为随机变量 X 的水平为 α 的**双侧临界值**(或**双侧分位数**).

U 分布的双侧临界值如图 7-1 所示.

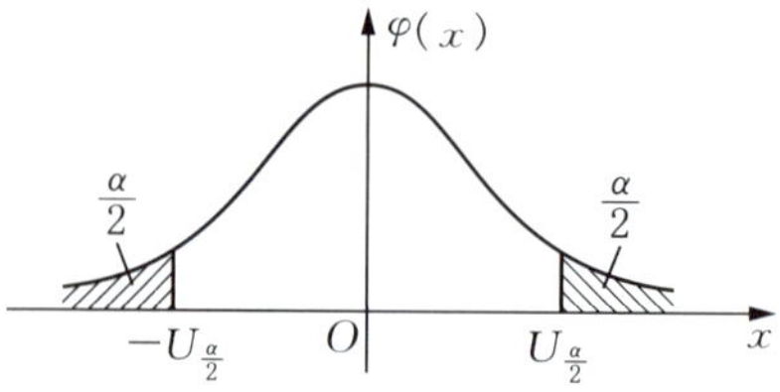

图 7-1

知识巩固

例 1 设 $X_1, X_2, \cdots, X_n$ 是总体 X 的一个样本,那么

(1) $Y_1 = X_1 + X_2 + \cdots + X_n$;

(2) $Y_2 = X_1 + 2^2 X_2 + 3^2 X_3 + \cdots + n^2 X_n$;

(3) $Y_3 = a_1 X_1 + a_2 X_2 + \cdots + a_n X_n$

是否为统计量?

解 Y_1 和 Y_2 中不含任何未知参数,所以 Y_1 和 Y_2 是统计量;若 $a_1, a_2, \cdots, a_n$ 是已知参数,那么 Y_3 是统计量,反之则不是统计量.

例 2 在总体 $N(80, 20^2)$ 中随机抽取一容量为 100 的样本,试求样本均值与总体均值之差的绝对值大于 3 的概率.

解 $U = \dfrac{\overline{X} - 100}{20/\sqrt{100}} \sim N(0, 1)$,总体均值 $\mu = 80$.所求概率为

$$
\begin{aligned}
P\{|\overline{X} - 80| > 3\} &= 1 - P\{-3 \leqslant \overline{X} - 80| \leqslant 3\} \\
&= 1 - P\left\{\frac{-3}{20/\sqrt{100}} \leqslant \frac{\overline{X} - 80}{20/\sqrt{100}} | \leqslant \frac{3}{20/\sqrt{100}}\right\} \\
&= 1 - (\Phi(1.5) - \Phi(-1.5)) \\
&= 2 - 2\Phi(1.5) \\
&= 0.133\,6.
\end{aligned}
$$

在样本容量为 100 的情况下,样本均值与总体均值之差的绝对值大于 3 的概率约为 13.36%.

课后练习

1. 对下面的三组样本值,分别计算样本均值 $\overline{X}$ 和样本方差 S^2.

(1) 54, 67, 68, 78, 70, 66, 67, 70, 65, 69;

(2) 99.3, 98.7, 100.05, 101.2, 98.3, 99.7, 99.5, 100.21, 110.5;

(3) 48, 50, 50, 51, 51, 48, 49, 50, 49, 51, 51, 50, 50, 51, 52, 50.

2. 设 $X_1, X_2, \cdots, X_n$ 是来自总体 $X \sim (0, 3^2)$的一个样本,记 $Y=\sum_{i=1}^{n} X_i^2$, 若要使 $P\{Y \leqslant 144\}=0.975$ 成立,问 n 取多大?

第二节 点 估 计

知识准备

设 $X_1, X_2, \cdots, X_n$ 是取自总体 X 的一个样本,$x_1, x_2, \cdots, x_n$ 是相应的一个**样本值**.为估计未知参数 θ,根据样本构造一个适当的统计量 $\hat{\theta}=\hat{\theta}(X_1, X_2, \cdots, X_n)$,将 $\hat{\theta}$ 称为 θ 的**点估计量**,将其观测值 $\hat{\theta}(x_1, x_2, \cdots, x_n)$称为 θ 的**点估计值**.

由于样本不同程度地反映了总体的信息,所以可以用样本数字特征作为总体相应的数字特征的点估计量,这种方法称为**数字特征法**,是求点估计的常用方法,使用时不需要知道总体的分布形式.

以样本均值 $\bar{X}$ 作为总体均值 μ 的点估计量,即 $\hat{\mu}=\bar{X}=\frac{1}{n} \sum_{i=1}^{n} X_i$. 而 $\hat{\mu}=\bar{x}=\frac{1}{n} \sum_{i=1}^{n} x_i$ 作为 μ 的点估计值.以样本方差 S^2 作为总体方差 σ^2 的点估计量,即 $\widehat{\sigma^2}=S^2=\frac{1}{n-1} \sum_{i=1}^{n}(X_i-\bar{X})^2$, 而 $\widehat{\sigma^2}=S^2=\frac{1}{n-1} \sum_{i=1}^{n}(x_i-\bar{x})^2$ 作为 σ^2 的点估计值.

知识巩固

例 3 设某种型号的电池寿命服从正态分布 $N(\mu, \sigma^2)$,其中 μ 与 σ 为未知参数,今随机检测 5 节电池得其寿命分别为

$$10.50 \quad 10.31 \quad 10.21 \quad 10.78 \quad 10.65$$

试对这种电池的平均寿命及其稳定性作出合理的估计.

解 $\hat{\mu}=\bar{X}=\frac{1}{n} \sum_{i=1}^{n} X_i=\frac{1}{5}(10.50+10.31+10.21+10.78+10.65)=10.49$,

$$\widehat{\sigma^2}=S^2=\frac{1}{n-1}\sum_{i=1}^{n}(X_i-\overline{X})^2$$
$$=\frac{1}{4}[(10.50-10.49)^2+(10.31-10.49)^2+(10.21-10.49)^2$$
$$+(10.78-10.49)^2+(10.65-10.49)^2]$$
$$=0.055\ 15,$$

这种电池的平均寿命为 10.49,方差为 0.055 15.

课后练习

1. 设总体的一组样本观测值(单位:mm)为

482　493　457　471　510　446　435　418　394　469

试用样本数字特征法估计测量值的均值与方差.

2. 从一批灯泡中随机抽取 10 个,测量其寿命(单位:h)分别为

1 050　1 100　1 080　1 120　1 200　1 250　1 040　1 130　1 300　1 200

试估计这批灯泡寿命的均值与方差.

第三节　区 间 估 计

知识引入

在点估计中,$\hat{\theta}$ 的观测值只是 θ 的一个近似值,在实际应用中,往往希望根据样本给出一个被估计参数的范围,使得它能以较大的概率包含被估计参数的真值.这个范围常以区间给出,所以称为参数的**区间估计**.

知识准备

设 $X_1,X_2,\cdots,X_n$ 是取自总体 X 的一个样本,θ 为总体分布中的未知参数.对于给定的 $\alpha(0<\alpha<1)$,若存在统计量 $\hat{\theta}_1$ 和 $\hat{\theta}_2$,使得 $P\{\hat{\theta}_1<\theta<\hat{\theta}_1\}=1-\alpha$,则称区间($\hat{\theta}_1$,$\hat{\theta}_2$)为 θ 的**置信水平(置信度)**为 $1-\alpha$ 的**置信区间**.

正态总体 $X\sim N(\mu,\sigma^2)$的参数 μ 的置信区间见表 7-1.

表 7-1

条　　件	σ^2 已知	σ^2 未知
选用统计量	$U=\frac{\overline{X}-\mu}{\sigma/\sqrt{n}}$	$T=\frac{\overline{X}-\mu}{S/\sqrt{n}}$
分布	$N(0,1)$	$t(n-1)$
$1-\alpha$ 的置信区间	$\left(\bar{x}-\frac{\sigma}{\sqrt{n}}u_{\frac{\alpha}{2}},\ \bar{x}+\frac{\sigma}{\sqrt{n}}u_{\frac{\alpha}{2}}\right)$	$\left(\bar{x}-\frac{S}{\sqrt{n}}t_{\frac{\alpha}{2}}(n-1),\ \bar{x}+\frac{S}{\sqrt{n}}t_{\frac{\alpha}{2}}(n-1)\right)$

正态总体 $X\sim N(\mu,\sigma^2)$的参数 σ^2 的置信区间见表 7-2.

表 7-2

条　　件	μ 已知	μ 未知
选用统计量	$\chi^2=\frac{(n-1)S^2}{\sigma^2}$	$\chi^2=\sum_{i=1}^{n}\left(\frac{X_i-\mu^{2}}{\sigma}\right)$
分布	$\chi^2(n-1)$	$\chi^2(n)$
$1-\alpha$ 的置信区间	$\left(\frac{(n-1)S^2}{\chi^2_{\frac{\alpha}{2}}(n-1)},\ \frac{(n-1)S^2}{\chi^2_{1-\frac{\alpha}{2}}(n-1)}\right)$	$\left[\frac{\sum_{i=1}^{n}(x_i-\mu)^2}{\chi^2_{\frac{\alpha}{2}}(n)},\ \frac{\sum_{i=1}^{n}(x_i-\mu)^2}{\chi^2_{1-\frac{\alpha}{2}}(n)}\right]$

知识巩固

例 4 有一大批袋装糖果,现从中随机地取 16 袋,称得重量(单位:g)分别为

506	508	499	503	504	510	497	512
514	505	493	496	506	502	509	496

设袋装糖果的重量服从正态分布,试求总体均值 μ 的置信度为 0.95 的置信区间.

解 $\alpha=1-0.95=0.05$, $n-1=15$,查 $t(n-1)$分布表可知,

$$t_{0.025}(15)=2.1315,$$

计算得到

$$\bar{x}=503.75,\ s=6.2022,$$

得 μ 的置信度为 0.95 的置信区间为

$$\left(503.75-\frac{6.2022}{\sqrt{16}}\times 2.1315,\ 503.75+\frac{6.2022}{\sqrt{16}}\times 2.1315\right),$$

即(500.4, 507.1).

就是说估计袋装糖果重量的均值在 500.4 g 与 507.1 g 之间,这个估计的可信程度

为 95%.

课后练习

1. 包糖机某日包了 12 包糖,称得质量(单位:g)分别为

506 500 495 488 504 486 505 513 521 520 512 485

假设重量服从正态分布,且标准差 $\sigma=10$,试求糖包的平均质量 μ 的置信度为 $1-\alpha$ 的置信区间:(1) $\alpha=0.1$;(2) $\alpha=0.05$.

2. 已知每袋食糖净重 X 服从正态分布 $N(\mu, 25^2)$,从一批袋装食糖中随机抽取 9 袋,测量其净重(单位:kg)分别为

497 506 518 524 488 510 515 515 511

试求每袋食糖平均净重 μ 的置信度为 0.95 的置信区间.

复 习 题

1. 选择题.

设总体 $X\sim N(\mu, \sigma^2)$,且 λ 为临界值.若 σ^2 未知,$\bar{x}$、s^2 分别为样本均值和样本方差,样本容量为 n,则总体均值 μ 的置信区间为( ).

A. $\left(\bar{x}-\frac{\lambda\sigma}{n}, \bar{x}+\frac{\lambda\sigma}{n}\right)$ B. $\left(\bar{x}-\frac{\lambda s}{n}, \bar{x}+\frac{\lambda s}{n}\right)$

C. $\left(\bar{x}-\frac{\lambda\sigma}{\sqrt{n}}, \bar{x}+\frac{\lambda\sigma}{\sqrt{n}}\right)$ D. $\left(\bar{x}-\frac{\lambda s}{\sqrt{n}}, \bar{x}+\frac{\lambda s}{\sqrt{n}}\right)$

2. 填空题.

(1) 设 $P\{|T|\geqslant\lambda\}=0.1$,且 $n=10$,则 t 分布的临界值 $\lambda=$______;

(2) 设 X_1、X_2、…、X_n 是取自正态总体 $N(-1, \sigma^2)$的一个样本,$\overline{X}$ 为样本均值,则 $\frac{\overline{X}+1}{\sigma/\sqrt{n}}$服从的分布为______.

3. 计算题.

(1) 某果树场有一批苹果树,根据长期资料分析知,其每株产量服从正态分布,产量方差为 400 kg^2.现随机抽取 9 株,产量(单位:kg)分别为

112 131 98 105 115 121 90 110 125

求这批苹果树每株平均产量的置信水平为 0.95 的置信区间.

(2) 已知一台起重机装卸百件集装箱的时间 X(单位:min)服从正态分布 $N(\mu, \sigma^2)$,从历次装卸时间记录中随机抽取 8 次,它们分别为

148 151 160 149 162 154 163 155

求一台起重机装卸百件集装箱的平均时间 μ 的置信度为 0.90 的置信区间.

拓展阅读

数学家的故事
——费勒

第八章

概率统计应用案例

在日常生活和工作中，会遇到不少需要处理的数据，这时就需要观察数据的统计特征，如某地在雨季的平均日降雨量、某地在雨季单日平均出现落石的次数、某路段在一日之内车流量的最高峰时段；又或者需要观察某种新技术是否有效，如某条道路使用了新型技术，如何确定该技术比老技术有更高的质量.本章将学习概率统计在实际问题中的应用.

第一节　MATLAB 与基本概率统计原理

知识引入

前面学习了 6 类常见的随机变量及其概率分布，而在实际情境中需要利用随机变量，通过计算机进行系统模拟来帮助解决问题.像这样，在一定的假设条件下，利用数学运算模拟系统的运行并在计算机上进行实现的过程，称为**系统仿真模拟**.为了更好地利用 MATLAB 解决统计问题，下面将介绍常用的概率分布.

知识准备

一、常见随机变量的概率分布实现

1. 二项随机分布

知识回忆：什么是伯努利实验？若随机变量服从二项分布，则其概率分布列如何表示？

二项分布 $X \sim B(n, p)$在点 $X=x$ 处的概率在 MATLAB 中的实现：

```
P(X = x) = binopdf(x, n, p).
```

分布函数 $F(x)=P(X \leqslant x)$在 MATLAB 中的实现：

```
F(x) = P(X≤x) = binocdf(x, n, p).
```

MATLAB 中生成参数分别为 n 和 p 的二项分布的 $s \times m$ 随机数字矩阵：

```
M = binornd(n, p, s, m).
```

2. 泊松分布

知识回忆：描述服从泊松分布的随机变量有何特点？若随机变量服从泊松分布，则其概率分布列如何表示？

泊松分布 $X \sim P(\lambda)$在点 $X=x$ 处的概率在 MATLAB 中的实现：

```
P(X = x) = poisspdf(x, λ).
```

分布函数 $F(x)=P(X \leqslant x)$在 MATLAB 中的实现：

F(x) = P(X⩽x) = poisscdf(x, λ).

MATLAB 中生成参数分别为 λ 的泊松分布的 $s\times m$ 随机数字矩阵:

M = poissrnd(λ, s, m).

3. 均匀分布

知识回忆:描述服从均匀分布的随机变量有何特点? 若随机变量服从均匀分布,则其概率密度函数如何表示?

均匀分布 $X\sim U(a, b)$在点 $X=x$ 处的概率密度在 MATLAB 中的实现:

f_X(x) = unifpdf(x, a, b).

分布函数 $F(x)=P(X\leqslant x)$在 MATLAB 中的实现:

F(x) = P(X⩽x) = unifcdf(x, a, b).

MATLAB 中生成参数分别为 a、b 的均匀分布的 $s\times m$ 随机数字矩阵:

M = unifrnd(a, b, s, m).

4. 指数分布

知识回忆:描述服从指数分布的随机变量有何特点? 若随机变量服从指数分布,则其概率密度函数如何表示?

指数分布 $X\sim E(\lambda)$在点 $X=x$ 处的概率密度在 MATLAB 中的实现:

f_X(x) = exppdf(x, λ).

分布函数 $F(x)=P(X\leqslant x)$在 MATLAB 中的实现:

F(x) = P(X⩽x) = exp cdf(x, λ).

MATLAB 中生成参数分别为 λ 的指数分布的 $s\times m$ 随机数字矩阵:

M = exp rnd(λ, s, m).

5. 正态分布

知识回忆:描述服从正态分布的随机变量有何特点? 若随机变量服从正态分布,则其概率密度函数如何表示?

正态分布 $X\sim N(\mu, \sigma^2)$在点 $X=x$ 处的概率密度在 MATLAB 中的实现:

f_X(x) = normpdf(x, μ, σ).

分布函数 $F(x)=P(X\leqslant x)$在 MATLAB 中的实现:

F(x) = P(X⩽x) = normcdf(x, μ, σ).

MATLAB中生成参数分别为μ, σ的正态分布的$s\times m$随机数字矩阵：

```
M = normrnd(μ, σ, s, m).
```

6. 命令小结

从上述5类常见随机变量的概率分布在MATLAB中的实现函数的特点，可总结归纳如下.

(1) 随机变量的概率(概率密度)类函数结尾字符串为pdf；

(2) 随机变量分布函数结尾字符串为cdf；

(3) 生成服从某种分布的随机矩阵的函数结尾字符串为rnd.

可根据上述特点，方便记忆相应函数名.

知识巩固

例1 制造厂每月工伤数目服从参数为2.5的泊松分布，即平均每月出现2.5人次工伤，那么下个月不会出现工伤的概率是多少？下个月至少发生两起工伤的概率是多少？

代码如下：

```
p1 = poisspdf(0, 2.5);      % 下个月不会出现工伤的概率
p2 = poisscdf(1, 2.5);      % 下个月最多出现一起工伤的概率
cp2 = 1 - p2                % 下个月至少发生两起工伤的概率
```

输出结果如下：

```
p1 =
    0.0821
p2 =
    0.2873
cp2 =
    0.7127
```

例2 **(排队系统的仿真模拟)** 假设某商店在某一天内，顾客到达商店的平均时间间隔是10个单位时间，即平均10个单位时间到达1位顾客.利用MATLAB模拟出6位依次到来的顾客到达的时间间隔.

代码如下：

```
M = exprnd(10, 1, 5)
```

输出结果如下：

```
M =
    2.0491    0.9895    20.6367    0.9061    4.5830
```

知识引入

生活和工作中,常会遇到一些看似杂乱无章的数据,这些数据可能分布位置,就需要借助直观的图形和表格的形式进行第一步的观察和判断.下面将介绍常见的图、表在 MATLAB 中的实现.

知识准备

二、常见图、表绘制

1. 散点图绘制

(1) plot(x)

参数解释:当 x 为一向量时,以 x 元素的值为纵坐标值,x 元素的序号为横坐标值绘制曲线.当 x 为一实矩阵时,则以其序号为横坐标,按列绘制每列元素值相对于其序号的曲线.

(2) plot(x, y)

参数解释:以 x 元素为横坐标值,y 元素为纵坐标值绘制曲线.

(3) plot(x, y1, x, y2, …)

参数解释:以公共的 x 元素为横坐标值,分别以 y1, y2, …元素为纵坐标值绘制曲线.

为在同一坐标中,清晰区分不同元素图形,可在编码过程中,确定不同形式以示区别.绘图常见使用格式见表 8-1.

表 8-1

颜色		线型		点样式			
符号	作用	符号	作用	符号	作用	符号	作用
y	黄	—	实线(默认样式)	·	点	*	星号
m	紫	:	点线	o	圆	p	五角星
c	青	—.	点划线	x	十字叉	s	正方形
r	红	— —	虚线	+	加号	d	菱形
g	绿	—	—	h	六角形	—	—
b	蓝	—	—	—	—	—	—
w	白	—	—	—	—	—	—
k	黑	—	—	—	—	—	—

例如:plot(x, y1,'——or', x, y2,':+y'),表示使用圆圈表示坐标点和红色虚线来绘制以 x 为横坐标,y1 为纵坐标的图像;使用加号表示坐标点和黄色点线来绘制以 x 为横坐标,y2 为纵坐标的图像.

2. 频数表和直方图的绘制(hist 函数)

(1) 频数表的绘制

调用格式:[N, X] = hist(Y, M).

功能说明:将数组 Y 的取值区间[min(Y), max(Y)]等分为 M 个子区间(缺省时为 10),并绘制数组 Y 的频数表.

参数解释:N 表示返回 M 个子区间的频数;X 表示返回 M 个子区间的中点.

(2) 频数直方图的绘制

调用格式:hist(Y, M).

功能说明:描绘 Y 的频数直方图.

知识巩固

例 3 学校随机抽取 40 名学生,测量他们的身高(单位:cm)和体重(单位:kg),所得数据见表 8-2.

表 8-2

序号	身高	体重	序号	身高	体重	序号	身高	体重	序号	身高	体重
1	172	75	11	169	55	21	169	64	31	171	65
2	171	62	12	168	67	22	165	52	32	169	62
3	166	62	13	168	65	23	164	59	33	170	58
4	160	55	14	175	67	24	173	74	34	172	64
5	155	57	15	176	64	25	172	69	35	169	58
6	173	58	16	168	50	26	169	52	36	167	72
7	166	55	17	161	49	27	173	57	37	175	76
8	170	63	18	169	63	28	173	61	38	164	59
9	167	47	19	165	64	29	176	57	39	158	51
10	168	65	20	168	57	30	170	57	40	165	62

利用 MATLAB 绘制出学生的身高和体重频数分布图.

代码如下:

```
height = (172 171 … 165);          % 输入 40 名学生的身高数据
weight = (75 62 … 62);             % 输入 40 名学生的体重数据
[n1, x1] = hist(height, 5)         % 计算数据在各子区间的频数和区间中点
[n2, x2] = hist(weight, 5)         % 计算数据在各子区间的频数和区间中点
```

```
subplot(1, 2, 1), hist(height), title('Height of Students')
                                          % 并排绘制第一个直方图
subplot(1, 2, 2), hist(weight), title('Weight of Students')
                                          % 并排绘制第二个直方图
```

输出结果如下：

```
n1 =
     2     2     9    16    11
x1 =
     157.1000   161.3000   165.5000   169.7000   173.9000
n2 =
     6    11    13     6     4
x2 =
     49.9000   55.7000   61.5000   67.3000   73.1000
```

绘制的频数直方图如图 8-1 所示.

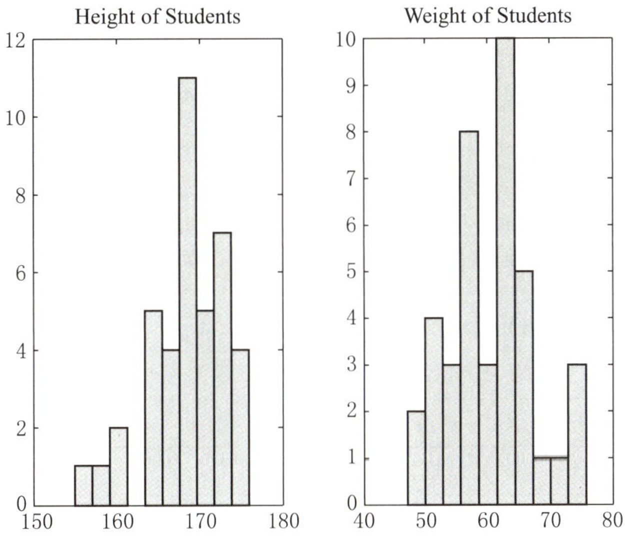

图 8-1

知识准备

三、常用统计量表示

统计学关注数据的搜集、总结、表述和分析，这就出现了用统计量来描述数据的数字特征. 下面将介绍 MATLAB 中统计量的函数实现及应用.

数据统计量常用函数见表 8-3.

表 8-3

<table>
<tr><th>函数名及调用格式</th><th>功能描述</th><th>备　注</th></tr>
<tr><td>max(x, dim)</td><td>x 的最大值</td><td rowspan="5">(1) “dim”可不写;
(2) 若 x 是一行数组,则输出该数组的相应结果;
(3) 若 x 为矩阵,当 dim=1 或省略时,则按列计算结果;当 dim=2 时,则按行计算结果</td></tr>
<tr><td>min(x, dim)</td><td>x 的最小值</td></tr>
<tr><td>mean(x, dim)</td><td>x 的平均值</td></tr>
<tr><td>median(x, dim)</td><td>x 的中数</td></tr>
<tr><td>mode(x, dim)</td><td>x 的众数</td></tr>
<tr><td>std(x, flag, dim)</td><td>x 的标准差</td><td rowspan="2">(1) 若 flag=0,则公式除以 n−1;若 flag=1,则公式除以 n;
(2) 若 x 是一行数组,则输出该数组的相应结果;
(3) 若 x 是矩阵,当 dim=1 或省略时,按列计算结果;当 dim=2 时,则按行计算结果</td></tr>
<tr><td>var(x, flag, dim)</td><td>x 的方差</td></tr>
<tr><td>skewness(x)</td><td>x 的偏度</td><td rowspan="2">(1) 若 x 是一行数组,则输出该数组的相应结果;
(2) 若 x 是矩阵,则按列输出结果</td></tr>
<tr><td>kurtosis(x)</td><td>x 的峰度</td></tr>
<tr><td>sort(x, dim, mode)</td><td>将数组排序</td><td>(1) 若 x 是一行数组,则输出该数组的相应结果;
(2) 若 x 是矩阵,当 dim=1 或省略时,按列计算结果;当 dim=2 时,按行计算结果;
(3) mode 取 ascend 表示升序;取 descend 表示降序</td></tr>
<tr><td>sum(x, dim)</td><td>数组元素求和</td><td rowspan="2">(1) 若 x 是一行数组,则输出该数组的相应结果;
(2) 若 x 是矩阵,当 dim=1 或省略时,按列计算结果;当 dim=2 时,按行计算结果.</td></tr>
<tr><td>prod(x, dim)</td><td>数组元素求积</td></tr>
<tr><td>cumprod(x, dim)</td><td>数组元素求累计积</td><td>—</td></tr>
<tr><td>cov(X)</td><td>计算矩阵 X 的协方差矩阵</td><td>—</td></tr>
<tr><td>cov(X, Y)</td><td>计算矩阵 X, Y 的协方差矩阵</td><td>—</td></tr>
<tr><td>corroef(X)</td><td>计算矩阵 X 的相关系数</td><td>—</td></tr>
<tr><td>corroef(X, Y)</td><td>计算矩阵 X, Y 的相关系数</td><td>—</td></tr>
<tr><td>pactile(x, q)</td><td>计算 x 的 q%上百分位数</td><td>—</td></tr>
</table>

知识巩固

例 4 **(2019 年大学生数学建模竞赛 D 题变型)**空气污染对生态环境和人类健康危害巨大,通过对“两尘四气”(PM2.5、PM10、CO、NO_2、SO_2、O_3)浓度的实时监测可以及时掌握空气质量,对污染源采取相应措施.某国家监测控制站点(国控点)对“两尘四气”在某时间段的监测数据(每隔 1 h 监测一次)见表 8-4.

表 8-4

PM2.5	PM10	CO	NO_2	SO_2	O_3	时　间
50	81	0.873	9	32	59	0:00
46	71	0.839	9	26	65	1:00
43	59	0.781	10	25	68	2:00
32	51	0.739	9	24	69	3:00
30	47	0.743	9	23	64	4:00
36	50	0.881	8	37	39	5:00
39	54	0.792	7	34	38	6:00
44	45	0.706	6	32	41	7:00
35	29	0.68	6	33	42	8:00
27	31	0.733	7	37	41	9:00

(1) 利用 MATLAB 软件,统计出该时段 PM2.5 的均值、最值、中位数、方差、标准差.

代码如下:

```
x = [50 46 43 32 30 36 39 44 35 27];
mean_x = mean(x)            % 计算数据的均值
max_x = max(x)              % 计算数据的最大值
min_x = min(x)              % 计算数据的最小值
median_x = median(x)        % 计算数据的中位数
var_x = var(x, 1)           % 计算数据的方差,其中公式中使用 n = 10
std_x = std(x, 1)           % 计算数据的标准差,其中公式中使用 n = 10
```

输出结果如下:

```
mean_x =
   38.2000
max_x =
   50
min_x =
   27
median_x =
   37.5000
var_x =
   50.3600
std_x =
   7.0965
```

(2) 请利用 MATLAB 软件，统计出该时段 NO_2 和 SO_2 的协方差和相关系数.

代码如下：

```
x = [9 9 10 9 9 8 7 6 6 7];
y = [32 26 25 24 23 37 34 32 33 37];
cov(x.y)
corrcoef(x, y)
```

输出结果如下：

```
cov(x, y) =
    55.9556    - 2.8444
    - 2.8444   28.4556
corrcoef(x, y) =
    1.0000     - 0.0713
    - 0.0713   1.0000
```

由运行结果可知，NO_2 和 SO_2 的协方差为 -2.8444，相关系数为 -0.0713.

(3) 练习：利用 MATLAB 软件，统计出该时段 PM10 和 O_3 的均值、最值、中位数、方差、标准差.

知识准备

四、参数估计与假设检验

在许多统计推断的过程中，往往会涉及对某个假设的正确性做出“是与否”的判断.例如：该技术对通信信号的传递的影响是否明显；该批建材质量是否符合要求；该教学手段对学生成绩影响是否显著.这类问题，需利用假设检验的原理来解决.下面将介绍与假设检验有关的 MATLAB 基本命令函数.

1. 参数估计

(1) 正态总体的参数估计函数

调用格式：[μ, σ, μ1, σ1] = normfit(x, α).

参数解释：

x——样本；　α——显著性水平(缺省时为 0.05)；

μ——总体均值的点估计；　σ——总体标准差的点估计；

μ1——总体均值的区间估计；　σ1——总体标准差的区间估计.

【注】 若 x 为行向量时，返回数值；若 x 为矩阵时，则按列计算，返回行向量.

(2) 指数分布的均值点估计及区间估计

调用格式：[muhat, muci] = expfit(x, α).

参数解释:

x——样本;　α——显著性水平(缺省时为 0.05);

muhat——点估计结果;　muci——区间估计结果.

(3) 泊松分布的参数 λ 的点估计及区间估计

调用格式:[lambdahat, lambdaci] = poissfit(x, α).

参数解释:

x——样本;　α——显著性水平(缺省时为 0.05);

lambdahat——点估计结果;　lambdaci——区间估计结果.

2. 单个正态总体均值检验

已知正态总体方差下的均值检验(ztest 函数).

调用格式:[h, p, ci] = ztest(x, μ, σ, α, tail).

未知正态总体方差下的均值检验(ttest 函数).

调用格式:[h, p, ci] = ttest(x, μ, α, tail).

参数解释:

x——样本数组;　μ——总体均值;

σ——总体标准差;　α——显著性水平(缺省时为 0.05);

tail=0(可缺省)表示双边假设 $\mu=\mu_0$;

tail=1 表示单边假设 $\mu>\mu_0$;

tail=−1 表示单边假设 $\mu<\mu_0$;

h=0 表示接受原假设,h=1 表示拒绝原假设;

p 表示在原假设成立的条件下,样本均值落在置信区间内的概率,此概率越小,原假设越值得怀疑,若 $p<\alpha$,则应拒绝原假设;

ci 表示 μ_0 的置信区间.

3. 两个正态总体的均值检验(ttest2 函数)

调用格式:[h, p, ci] = ttest2(x, y, σ, α, tail).

功能说明:该检验用于检验总体方差相等(但数值未知)的两个样本的总体均值是否相等.

参数解释:

x、y　来自两个独立正态总体的样本观测数组;

tail=0(可缺省)表示双边假设 $\mu_1=\mu_2$;

tail=1 表示单边假设 $\mu_1>\mu_2$;

tail=−1 表示单边假设 $\mu_1<\mu_2$;

h=0 表示接受原假设,h=1 表示拒绝原假设;

p 表示在原假设成立的条件下,样本均值落在置信区间内的概率;

ci 表示样本观测值 x 的置信区间.

其他同前所述.

知识巩固

例 5 甲、乙两台机床加工同一种产品,从这两台机床加工的产品中,随机抽取若干样品来测定产品直径,具体机床加工产品样品数据见表 8-5.

表 8-5

甲机床	20.1	20.0	19.3	20.6	20.2	19.9	20.0	19.9	19.1	19.9
乙机床	18.6	19.1	20.0	20.0	20.0	19.7	19.9	19.6	20.2	—

假设两台机床加工的产品直径分别服从正态分布 $N(\mu_1, \sigma^2)$、$N(\mu_2, \sigma^2)$,试比较甲、乙两台机床加工的产品直径,并判断是否有显著差异.

分析:根据题目要求,两台机床加工产品的直径具有相同的方差,因此可选择 ttest2 函数,检验两台机床生产产品的直径均值是否有显著差异.

$$原假设\ H_0: \mu_1=\mu_2,备择假设\ H_1: \mu_1\neq\mu_2,$$

此为双侧检验,因此 tail=0 或缺省.

下面编写 MATLAB 代码并观察,在显著性水平 $\alpha=0.05$ 下,是否接受原假设.

代码如下:

```
X = [20.1 20.0 19.3 20.6 20.2 19.9 20.0 19.9 19.1 19.9];
Y = [18.6 19.1 20.0 20.0 20.0 19.7 19.9 19.6 20.0];
[h, p, muci, stats] = ttest2(X, Y)
```

输出结果如下:

```
h =
    0
p =
    0.2114
muci =
    - 0.1807      0.7557
stats =
  tstat: 1.3017
     df: 16
     sd: 0.4656
```

若出现 h=1 或 $p\leqslant\alpha$,则需拒绝原假设.观察上述结果,h=0 且 $p>0.05$,因此,在显著性水平为 0.05 下,接受原假设,即认为甲、乙两台机床加工的产品直径没有显著差异.

技能训练

1. 现累计有 50 次刀具故障记录，当故障出现时，该批刀具完成的零件数如下：

459	362	624	542	509	584	433	748	815	505
612	452	434	982	640	763	565	706	593	680
926	653	164	487	734	608	428	1 153	593	844
527	2	513	781	474	388	824	538	862	659
775	9	755	49	697	515	628	954	771	609

(1) 画出样本的直方图；

(2) 观察直方图，判断样本分布近似服从何种常见分布，并进行点估计和区间估计.

2. 某车间用一台包装机包装糖果.包得的袋装糖果净重是一个随机变量，它服从正态分布.当机器正常运行时，其均值为 0.5 kg，标准差为 0.015 kg.某日开工后为检验包装机是否正常，随机地抽取它所包装的 9 袋糖果，称得净重(单位:kg)分别如下：

0.497　0.506　0.518　0.524　0.498　0.511　0.520　0.515　0.512

试建立模型，并利用 MATLAB 运行结果，判断机器是否工作正常.

3. 某种电子元件的寿命 X 服从正态分布，μ、σ 均未知.现得 16 个电子元件的寿命(单位:h)分别如下：

159　280　101　212　224　379　179　264　222　362　168　250　149　260　485　170

试建立假设检验，并利用 MATLAB 运行结果，判断是否有理由认为该电子元件的平均寿命大于 225 h.

第二节　排 队 问 题

任务提出

某商店内有一个柜台，在营业时间固定配备一位营业员.营业期间，顾客陆续到来，该营业员将逐个接待顾客提供服务.当顾客较多时，需要排队.已知：

(1) 所有的时间以分钟为单位；

(2) 顾客到来的间隔时间服从参数为 0.1 的指数分布；

(3) 顾客接受服务的时间是[2, 10]上的均匀分布；

(4) 一个工作日的工作时间为 8 h,即 480 min.

请完成以下任务：

(1) 模拟 100 个工作日内完成服务的个数；

(2) 求平均每日完成服务的个数以及顾客平均等待的时间.

技能学习

1. 模型假设

(1) 排队按照先到先服务原则,排队长度无限制；

(2) 接待完毕顾客离开商店后,即不会立即返回,队伍正常排；

(3) 柜台只需保证 8 h 内有一位营业员,不考虑营业员交班等因导致的时间影响；

(4) 超过 8 h 营业时间,排队顾客将不被服务;若有顾客正在被服务则仍需完成服务.

2. 模型建立

柜台一天营业流程图如图 8-2 所示.

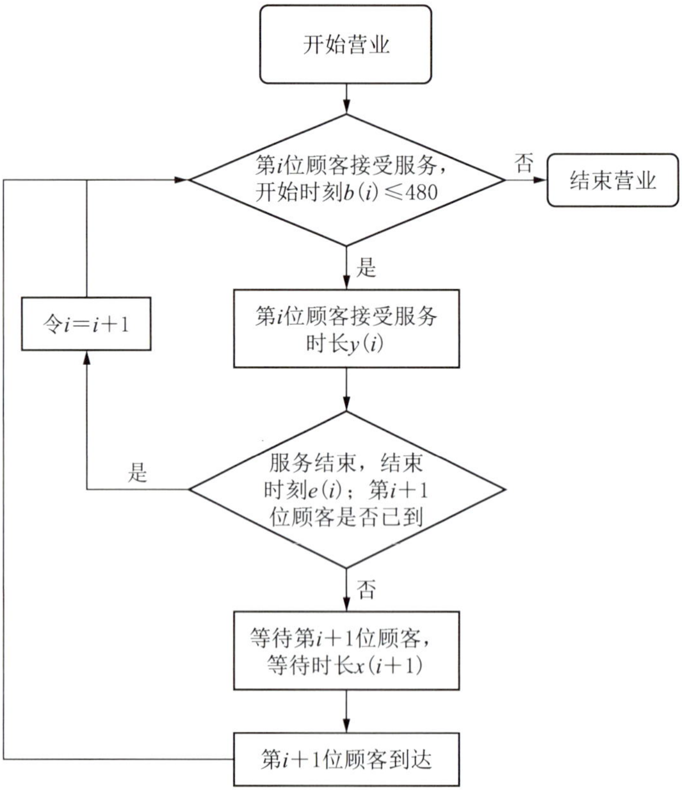

图 8-2

为方便表示，相关符号假设如下.

w：总的等待时间；

$c(i)$：第 i 位顾客的到达时刻；

$b(i)$：第 i 位顾客接受服务的开始时刻；

$e(i)$：第 i 位顾客的服务结束时刻；

$x(i)$：第 $i-1$ 位顾客与第 i 位顾客之间的到达时间间隔；

$y(i)$：第 i 位顾客接受服务时长.

3. 利用数学软件 MATLAB 解决循环语句

(1) while 循环结构：一种在某种条件满足时无限次地反复执行程序段的结构，通常使用如下格式.

```
while expression
statement 1
statement 2
…………
end
```

如果 expression 的值非零(true)，则程序段 statement 被执行；如果 expression 的值为零(false)，则程序执行 end 之后的语句.

(2) for 循环结构：一种用于实现固定循环次数的算法，使用格式如下.

```
for index = expr
statement 1
statement 2
…………
end
```

其中，index 是控制循环次数的变量；expr 是控制循环次数的表达式，常用形式为 first:increment:last.

例如：

```
for ii = 1:10
statement 1
statement 2
…………
end
```

上例中，控制表达式将生成一个 1×10 的数组，循环体将被执行 10 次.循环次数控制变量 ii 从 1 至 10 的复制，执行 10 次后，程序将执行 end 语句之后的命令，且 ii 保持最后一个数值 10.

任务完成

1. 根据上述模型建立及前面对数学软件 MATLAB 的学习,完成本任务的代码如下,在“%”后注释符解释该行命令的目的.

```
cs = 100;                          % ____________________
for jj = 1:cs                      % ____________________
i = 2; w(jj) = 0;                  % ____________________
x(i) = exprnd(10);                 % ____________________
c(i) = x(i);                       % ____________________
b(i) = x(i);                       % ____________________
while b(i)< = 480                  % ____________________
y(i) = unifrnd(2, 10);             % ____________________
e(i) = b(i) + y(i);                % ____________________
w(jj) = w(jj) + b(i) - c(i);       % ____________________
i = i + 1;                         % ____________________
x(i) = exprnd(10);                 % ____________________
c(i) = c(i - 1) + x(i);            % ____________________
b(i) = max(c(i), e(i - 1));        % ____________________
end
i = i - 2;                         % ____________________
t(jj) = w(jj)/i;                   % ____________________
m(jj) = i;                         % ____________________
end
pt = sum(t)/cs                     % ____________________
pm = sum(m)/cs                     % ____________________
```

2. 在 MATLAB 中运行上述代码,并完成以下选择题.

(1) 平均排队时间约为(　　)min;

A. 4　　B. 3　　C. 6　　D. 10

(2) 每天可能接待约(　　)人.

A. 40　　B. 47　　C. 37　　D. 52

3. 完成数学建模实践小论文.

小组合作完成“排队问题”数学建模实践小论文.

第三节 一元线性回归模型

任务提出

1. 知识回顾——线性回归的最小二乘法

在客观世界中，普遍存在着变量之间的关系.而变量之间的关系一般可分为确定的和非确定的.确定性关系指变量之间的关系可以明确用函数关系来表达，非确定性关系就是相关关系.在中学阶段，学习过利用最小二乘法对两个随机变量之间的线性相关关系进行估计，比如某校学生的体重和身高的相关关系.下面将进行复习.

两个随机变量 X、Y，样本数据见表 8-6.

表 8-6

X	x_1	x_2	…	x_n
Y	y_1	y_2	…	y_n

样本散点图如图 8-3 所示.

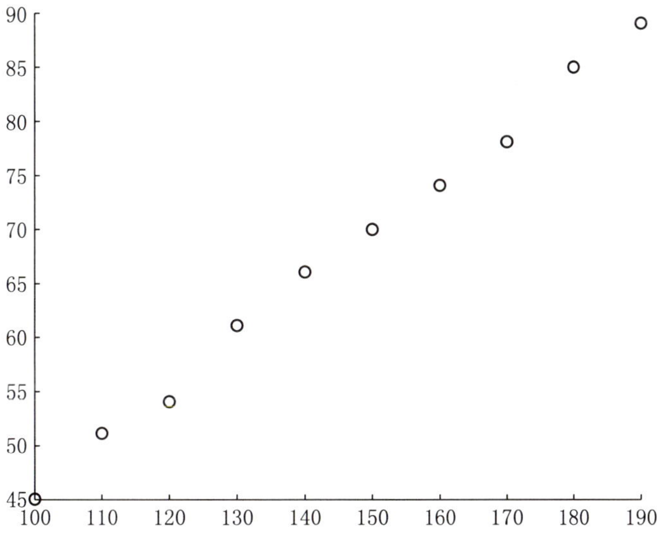

图 8-3

观察该样本数据散点图可知，X、Y 大致呈现线性函数关系：$Y=a+bX$，使用最小二乘法估计确定系数 a，b，令

$$Q(a, b)=\sum_{i=1}^{n}(y_i-a-bx_i)^2,$$

若需取得 $\min Q(a, b)$，则

$$b=\hat{b}=\frac{\sum_{i=1}^{n}(x_i-\bar{x})(y_i-\bar{y})}{\sum_{i=1}^{n}(x_i-\bar{x})}, \quad a=\hat{a}=\bar{y}-\hat{b}\bar{x},$$

其中 $\bar{x}=\frac{1}{n}\sum_{i=1}^{n}x_i$，$\bar{y}=\frac{1}{n}\sum_{i=1}^{n}y_i$.

则 $Y=\hat{a}+\hat{b}X$ 为 Y 关于 X 的**线性回归方程**，对应图形为**线性回归直线**.

2. 问题提出

合金的强度 y(单位:kg/mm^2)与其中的碳含量 x(%)有比较密切的关系，现从生产中收集了一批样本数据见表 8-7.

表 8-7

x	0.10	0.11	0.12	0.13	0.14	0.15	0.16	0.17	0.18	0.20	0.22	0.24
y	42.0	42.5	45.0	45.5	45.0	47.5	49.0	51.0	50.0	55.0	57.5	59.5

请完成下述任务.

(1) 利用 MATLAB 软件画出散点图，并观察图形特征；

(2) 拟合一个函数 $y=f(x)$，并对结果进行假设检验.

技能学习

1. 模型假设

一元线性回归模型一般包含如下基本假设.

(1) 独立性：X、Y 是相互独立的随机变量；

(2) 线性性：Y 的数学期望是 X 的线性函数；

(3) 齐次性：不同的 X、Y 的方差是常数；

(4) 正态性：给定的 X、Y 服从正态分布.

2. 模型建立

(1) 一元线性回归模型

建立一元线性回归模型

$$\begin{cases} Y=\beta_0+\beta_1 X+\varepsilon, \\ E(\varepsilon)=0,\ D(\varepsilon)=\sigma^2, \end{cases}$$

其中，β_0——回归常系数；β_1——回归系数；$\varepsilon\sim N(0,\sigma^2)$——随机误差.

(2) 回归参数的估计

根据最小二乘法估计，当 $\beta_1=\hat{\beta}_1=\dfrac{\sum_{i=1}^{n}(x_i-\bar{x})(y_i-\bar{y})}{\sum_{i=1}^{n}(x_i-\bar{x})}$，$\beta_0=\hat{\beta}_0=\bar{y}-\hat{\beta}_1\bar{x}$ 时，一元线性回归模型为 $\hat{y}=\hat{\beta}_0+\hat{\beta}_1 x$.

随机误差 $\varepsilon=Y-\beta_0+\beta_1 X\sim N(0,\sigma^2)$ 刻画了误差水平，是最小二乘估计的无偏估计.

(3) 回归方程的显著性检验

对线性回归方程，只有当 $\beta_1\neq 0$ 才有意义，因此假设检验可设为：

$$H_0: \beta_1=0;\ H_1: \beta_1\neq 0.$$

显著性水平为 α.

若拒绝原假设而接受备择假设，则认为随机变量 X、Y 存在线性关系，否则不存在线性关系，线性回归方程没有意义.

关于检验，需从以下三个方面进行.

(1) 回归系数的假设检验和区间估计

回归系数的假设检验称为 **T 检验**.

若原假设 H_0 成立，则统计量

$$T=\frac{\hat{\beta}_1}{std(\hat{\beta}_1)}=\frac{\hat{\beta}_2\sqrt{S_{xx}}}{\hat{\sigma}}\sim t(n-2),$$

其中，$std(\hat{\beta}_1)$ 为 $\hat{\beta}_2$ 的标准差.

则假设检验的拒绝域为 $|T|\geqslant t_{\alpha/2}(n-2)$.

其区间估计结果可在 MATLAB 的 regress 命令的调用结果中出现.

(2) 回归方程的显著性检验

回归方程的显著性检验称为 **F 检验**.

若原假设 H_0 成立，则统计量

$$F=\frac{U}{Q/(n-2)}=\frac{\hat{\beta}_1^2\sqrt{S_{xx}}}{\hat{\sigma}^2}\sim F(1,n-2),$$

假设检验的拒绝域为 $F\geqslant F_\alpha(1,n-2)$.

其结果可在 MATLAB 的 regress 命令的调用结果中出现.

(3) 相关性检验

相关性检验用于检验随机变量是否存在线性相关性，一般用指标 $R^2=\dfrac{S_{xy}^2}{S_{xx}S_{yy}}$ 来表示，称为**样本相关系数**，其结果越接近 1，则拟合结果越好.

其结果可在 MATLAB 软件的 regress 命令的调用结果中出现.

任务完成

1. 先利用 MATLAB 软件，画出散点图进行观察.

代码如下：

```
X = [0.10  0.11  0.12  0.13  0.14  0.15  0.16  0.17  0.18  0.20  0.22  0.24];
Y = [42.0  42.5  45.0  45.5  45.0  47.5  49.0  51.0  50.0  55.0  57.5  59.5];
plot(X, Y,'+')
xlabel('x'), ylabel('y')
```

绘制的样本数据散点图如图 8-4 所示.

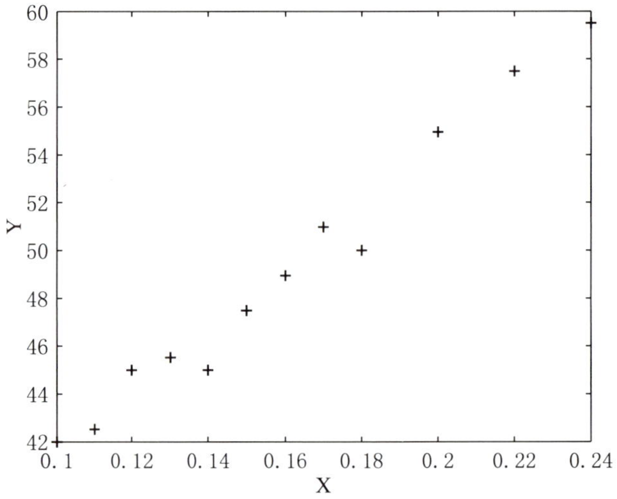

图 8-4

观察该散点图可知，所有数据基本聚集在一条直线附近，因此可假设 X、Y 大致符合线性关系.

2. MATLAB 软件中利用 regress 命令解决线性回归问题.

调用格式：[b, bint, r, rint, stats] = regress(Y, X, α).

参数解释：

Y、X——因变量、自变量数组；

b——回归系数向量估计值，即($\hat{\beta}_0$, $\hat{\beta}_1$)；

α——显著性水平，缺省时为 0.05；

bint——回归系数的置信区间；

r——残差；rint——置信区间；

stats——用于检验回归模型的统计量，包含 4 个结果：第 1 个为 R^2；第 2 个为 F；第 3 个为与 F 对应的概率 p，若 $p<\alpha$ 则拒绝原假设，模型成立；第 4 个是残差平方和 s^2.

以 $\alpha=0.05$ 为例，代码如下：

```
X = [0.10  0.11  0.12  0.13  0.14  0.15  0.16  0.17  0.18  0.20  0.22  0.24];
Y = [42.0  42.5  45.0  45.5  45.0  47.5  49.0  51.0  50.0  55.0  57.5  59.5];
n = length(X);          % 计算观测点个数
X1 = X(:); Y = Y(:);  % 把观测数据向量转为列向量
X = [ones(n, 1), X1];% 构造系数矩阵
[b, bint, r, rint, stats] = regress(Y, X);      % 回归分析
b, bint, stats          % 输出结果
```

输出结果如下：

```
b =
    28.4835
    129.0094
bint =
    26.1881   30.7789
    115.1337   142.8851
stats =
    0.9772   429.1581   0.0000   0.822
```

即线性回归方程为 $\hat{y}=28.4835+129.0094x$；

$\hat{\beta}_0$，$\hat{\beta}_1$ 的置信区间分别是[26.188 1，30.778 9]，[115.133 7，142.885 1]；

$R^2=0.9772$ 说明样本线性相关系数接近于 1，线性相关性强；

$F=429.1581$，$p<0.0001<0.05$ 拒绝原假设，即认为线性回归模型成立；

残差平方和 $s^2=0.8222$.

由于观测点数据的残差及置信区间数据较多，下面以可视化绘图——rcoplot 命令来呈现.

调用格式：rcoplot(r, rint).

功能说明：按观测点次序绘制误差及误差的置信区间.

代码如下：

```
rcoplot(r, rint)
```

绘制的残差分布图如图 8-5 所示.

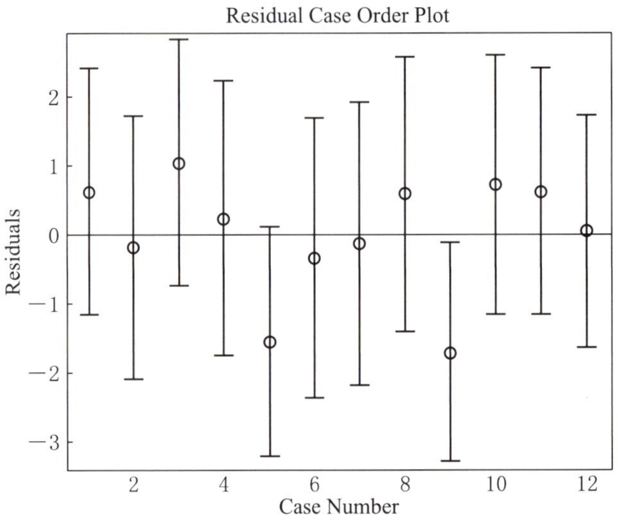

图 8-5

观察该样本数据残差分布图可知，第 9 个数据出现了异常.若剔除第 9 个数据，模型结果将更可信.

3. 剔除第 9 个数据之后，通过运行 MATLAB 命令，检验线性回归模型在置信水平 $\alpha=0.01$ 下是否仍然成立.

4. 完成数学建模实践小论文.

小组合作完成上述线性回归模型的数学建模实践小论文.

拓展阅读

数学家的故事
——许宝騄

第九章

级数的概念

无穷级数是数和函数的一种表现形式，是进行数值计算的有效工具，在科学研究和生产生活中都有着非常广泛的应用．本章主要介绍数项级数与幂级数的相关概念、性质以及敛散性的判定．

第一节 数项级数

知识引入

公元前 5 世纪,以诡辩著称的古希腊哲学家齐诺(Zeno)用他的有关无穷、连续以及部分和等数学理论,引发出了著名的阿基里斯悖论:如果让阿基里斯(Achilles,古希腊神话中善跑的英雄)和乌龟举行一场赛跑,让乌龟在阿基里斯前面 1 000 m 开始,假定阿基里斯能够跑得比乌龟快 10 倍,但他却永远也追不上乌龟.

齐诺的理论依据是:当比赛开始之后,阿基里斯跑了 1 000 m,此时乌龟前于他 100 m;当阿基里斯又跑了 100 m 时,乌龟仍然前于他 10 m;……如此分析下去,显然阿基里斯离乌龟越来越近,但却永远也追不上乌龟.这个结论显然是错误的,但奇怪的是,这种推理在逻辑上却没有任何问题.那么,问题究竟出在哪儿呢?

齐诺的诡辩之处就在于把有限的时间 T(或距离 S)分割成无穷段 $t_1, t_2, \cdots$(或 $S_1, S_2, \cdots$),然后一段一段地加以叙述,从而造成一种假象:这样"追—爬—追—爬"的过程将随时间的流逝而永无止境.将花掉的时间 $t_1, t_2, \cdots$(或跑过的距离 $S_1, S_2, \cdots$)加起来,即 $t_1+t_2+\cdots$(或 $S_1+S_2+\cdots$),相加的项有无限个,但它们的和却是有限数 T(或 S).无限个数相加的概念,就是本章节要讨论的级数问题.

知识准备

一、数项级数的概念

定义 1 给定一个无穷数列

$$u_1, u_2, \cdots, u_n, \cdots,$$

称式子 $u_1+u_2+\cdots+u_n+\cdots$ 为**无穷级数**,简称**级数**,记作 $\sum\limits_{n=1}^{\infty} u_n$. 即

$$\sum_{n=1}^{\infty} u_n = u_1+u_2+\cdots+u_n+\cdots,$$

其中第 n 项 u_n 称为级数的**通项**或**一般项**.

若 u_n 是常数,则级数 $\sum\limits_{n=1}^{\infty} u_n$ 称为**常数项级数**;若 u_n 是关于 x 的函数,则级数

$\sum_{n=1}^{\infty} u_n(x)$ 称为**函数项级数**.

定义 2 级数 $\sum_{n=1}^{\infty} u_n$ 的前 n 项和

$$S_n = u_1 + u_2 + \cdots + u_n$$

称为该级数的**前 n 项部分和**,简称为**部分和**.当 n 依次取 1, 2, 3, …时,它们构成的一个新数列 $S_1 = u$, $S_2 = u_1 + u_2$, …, $S_n = u_1 + u_2 + \cdots + u_n = \sum_{k=1}^{\infty} u_k$, … 称为**前 n 项部分和数列**,简称为**部分和数列**.若当 $n \to +\infty$时,部分和数列$\{S_n\}$的极限存在,即 $\lim\limits_{n \to +\infty} S_n = S$,则称该级数是**收敛**的,并称极限值 S 为该**级数的和**,记作

$$S = \sum_{n=1}^{\infty} u_n = u_1 + u_2 + \cdots + u_n + \cdots.$$

当级数收敛时,部分和 S_n 是级数和 S 的近似值,它们之间的差值

$$r_n = S - S_n = u_{n+1} + u_{n+2} + \cdots$$

称为**级数的余项**,其绝对值$|r_n|$称为由 S_n 代替 S 时产生的**误差**.

若当 $n \to +\infty$时,部分和数列$\{S_n\}$的极限不存在,则称该级数是**发散**的.

二、数项级数的性质

根据数项级数敛散性的概念及极限的性质,可得到数项级数如下性质.

性质 1(和差性) 若级数 $\sum_{n=1}^{\infty} u_n$ 与 $\sum_{n=1}^{\infty} v_n$ 都收敛,其和分别为 S 与 T,则级数 $\sum_{n=1}^{\infty}(u_n \pm v_n)$ 也收敛,且其和为 $S \pm T$.

性质 1 说明:两个收敛级数逐项相加减后所得的级数仍然收敛.

【注】 两个发散级数逐项相加减所得的级数不一定发散.如级数 $\sum_{n=1}^{\infty} 2^n$ 与 $\sum_{n=1}^{\infty}(-2^n)$ 都发散,但 $\sum_{n=1}^{\infty}(2^n - 2^n) = \sum_{n=1}^{\infty} 0$ 却是收敛的.

性质 2(数乘性) 若级数 $\sum_{n=1}^{\infty} u_n$ 收敛,且其和为 S,则级数 $\sum_{n=1}^{\infty} k u_n$ (k 为常数)也收敛,且其和为 kS.同理,若级数 $\sum_{n=1}^{\infty} u_n$ 发散,k 为常数且 $k \neq 0$,则级数 $\sum_{n=1}^{\infty} k u_n$ 也发散.

性质 2 说明:级数的每一项同乘一个非零常数后,其敛散性不变.

性质 3 级数增加、减少或改变有限项后,其敛散性不变.

【注】 当级数收敛时,增加、减少或改变有限项后仍然是收敛的,但级数的和却会发

生改变.

性质 4 若级数收敛,则在其中一些项添加括号后形成的新级数也是收敛的,且其和不变.

【注】 收敛级数去括号所形成的新级数不一定收敛,如级数 $\sum_{n=1}^{\infty}(1-1)$ 收敛于 0,但去掉括号后,级数化为 $1-1+1-1+1-1+\cdots$ 却是发散的.

性质 5(级数收敛的必要条件) 若级数 $\sum_{n=1}^{\infty}u_n$ 收敛,则 $\lim_{n\to+\infty}u_n=0$.

【注】 该性质的逆否命题也成立,若 $\lim_{n\to+\infty}u_n\neq 0$,则级数 $\sum_{n=1}^{\infty}u_n$ 必发散,该结论常用来判定级数是否发散.

知识巩固

例 1 讨论公比为 q 的**等比级数(几何级数)**

$$\sum_{n=1}^{\infty}aq^{n-1}=a+aq+aq^2+\cdots+aq^n+\cdots(a\neq 0)$$

的敛散性.

解 当 $|q|\neq 1$ 时,其部分和为

$$S_n=a+aq+aq^2+\cdots+aq^{n-1}=\frac{a}{1-q}(1-q^n).$$

若 $|q|<1$,此时 $\lim_{n\to+\infty}q^n=0$,则有 $\lim_{n\to+\infty}S_n=\frac{a}{1-q}$,即该级数收敛,其和为 $\frac{a}{1-q}$;

若 $|q|>1$,此时 $\lim_{n\to+\infty}q^n=\infty$,则有 $\lim_{n\to+\infty}S_n=\infty$,即该级数发散;

当 $q=1$ 时,由于 $S_n=a+a+\cdots+a=na$,则有 $\lim_{n\to+\infty}S_n=\infty$,即该级数发散;

当 $q=-1$ 时,由于 $S_n=a-a+a-\cdots=\begin{cases}a, & n\text{ 为奇数},\\ 0, & n\text{ 为偶数},\end{cases}$ 则 $\lim_{n\to+\infty}S_n$ 不存在,即该级数发散.

综上所述,等比级数

$$\sum_{n=1}^{\infty}aq^{n-1}=\begin{cases}\dfrac{a}{1-q}, & \text{当 } |q|<1,\\ \text{发散}, & \text{当 } |q|\geqslant 1.\end{cases}$$

例 2 判定级数 $\sum_{n=1}^{\infty}\frac{1}{n(n+1)}=\frac{1}{1\times 2}+\frac{1}{2\times 3}+\cdots+\frac{1}{n\times(n+1)}+\cdots$ 的敛散性.

解 级数的前 n 项和

$$S_n=\frac{1}{1\times2}+\frac{1}{2\times3}+\cdots+\frac{1}{n\times(n+1)}=\left(1-\frac{1}{2}\right)+\left(\frac{1}{2}-\frac{1}{3}\right)+\cdots+\left(\frac{1}{n}-\frac{1}{n+1}\right)=1-\frac{1}{n+1},$$

由于$\lim\limits_{n\to\infty}S_n=\lim\limits_{n\to\infty}\left(1-\frac{1}{n+1}\right)=1$,所以该级数收敛,且其和为 1.

例 3　级数 $\sum\limits_{n=1}^{\infty}\frac{1}{n}=1+\frac{1}{2}+\frac{1}{3}+\cdots+\frac{1}{n}+\cdots$ 称为**调和级数**,试证明其发散.

证明　由于$\frac{1}{k}>\ln\left(1+\frac{1}{k}\right)=\ln(k+1)-\ln k\,(k=1,\ 2,\ 3\cdots)$,则调和级数的部分和

$$S_n=\sum_{k=1}^{n}\frac{1}{k}>\sum_{k=1}^{n}[\ln(k+1)-\ln k]=(\ln 2-\ln 1)+(\ln 3-\ln 2)$$
$$+\cdots+[\ln(n+1)-\ln n],$$

即有 $S_n>\ln(n+1)$,可得 $\lim\limits_{n\to+\infty}S_n>\lim\limits_{n\to+\infty}\ln(n+1)=+\infty$,因此调和级数 $\sum\limits_{n=1}^{\infty}\frac{1}{n}$ 发散.

例 4　判定级数 $\sum\limits_{n=1}^{\infty}\left(1+\frac{1}{2n}\right)^n$ 的敛散性.

解　因为

$$\lim_{n\to+\infty}u_n=\lim_{n\to+\infty}\left(1+\frac{1}{2n}\right)^n=\lim_{n\to+\infty}\left[\left(1+\frac{1}{2n}\right)^{2n}\right]^{\frac{1}{2}}=e^{\frac{1}{2}}=\sqrt{e},$$

根据收敛的必要条件,$\lim\limits_{n\to+\infty}u_n\neq0$,则级数 $\sum\limits_{n=1}^{\infty}\left(1+\frac{1}{2n}\right)^n$ 发散.

课后练习

1. 选择题.

(1) 若级数 $\sum\limits_{n=1}^{\infty}u_n=3$, $\sum\limits_{n=1}^{\infty}v_n=1$,则$\sum\limits_{n=1}^{\infty}(2u_n-5v_n)=$(　　　);

A. 1　　B. 2　　C. 3　　D. 4

(2) 下列级数收敛的是(　　　).

A. $\sum\limits_{n=1}^{\infty}\left(\frac{1}{3^n}+\frac{1}{n}\right)$　　B. $\sum\limits_{n=1}^{\infty}\frac{4}{n}$　　C. $\sum\limits_{n=1}^{\infty}\frac{5^{n-1}}{6^n}$　　D. $\sum\limits_{n=1}^{\infty}\left(1+\frac{3}{n}\right)^{4n}$

2. 填空题.

(1) 级数 $\sum\limits_{n=2}^{\infty}\frac{(-1)^n}{1+2^n}$ 的前三项为________;

(2) 级数$\frac{2}{1}-\frac{3}{2}+\frac{4}{3}-\frac{5}{4}+\frac{6}{5}-\cdots$的一般项为__________;

(3) 若级数 $\sum_{n=0}^{\infty}\frac{3^n}{n!}=a$，则 $\sum_{n=1}^{\infty}\frac{3^{n-1}}{(n-1)!}=$__________，$\sum_{n=2}^{\infty}\frac{3^{n-1}}{n!}=$__________.

3. 判定下列级数的敛散性,若收敛,求其和.

(1) $1-\frac{1}{2}+\frac{1}{4}-\frac{1}{8}+\cdots$；

(2) $\sum_{n=1}^{\infty}\frac{2}{(2n-1)(2n+1)}$；

(3) $1-\ln 3+\ln^2 3-\ln^3 3+\cdots$；

(4) $\sum_{n=1}^{\infty}\frac{1}{\sqrt{n+1}+\sqrt{n}}$；

(5) $\left(\frac{1}{3}+\frac{1}{4}\right)+\left(\frac{1}{3^2}+\frac{1}{4^2}\right)+\left(\frac{1}{3^3}+\frac{1}{4^3}\right)+\cdots$；

(6) $\sum_{n=1}^{\infty}(-1)^{n-1}\left(\frac{2}{5}\right)^n$.

第二节　常数项级数的审敛法

知识引入

常数项级数,从形式上看,就是无穷多个项的代数和,它是有限项代数和的延伸,因而级数的敛散性直接与数列极限联系在一起,其判定方法多样,技巧性也强,有时也需要多种方法结合使用.常数项级数敛散性的判定问题,是数学分析的一个重要部分,同时,常数项级数已经渗透到科学技术的很多领域,成为数学理论和应用中不可缺少的工具.所以,研究常数项级数的敛散性的判定问题是很重要的.

常数项级数的判定除了可利用前面介绍的数项级数的定义及其性质来进行判定,针对常数项级数里面出现的一些特殊类型,还会有哪些特定的判定方法?

知识准备

一、正项级数的审敛法

定义 1　如果级数 $\sum_{n=1}^{\infty}u_n$ 的每一项都是非负常数,即 $u_n\geqslant 0(n=1, 2, 3, \cdots)$,则称该级数为**正项级数**.

易知,正项级数的部分和数列 $\{S_n\}$ 为单调递增数列,根据单调有界数列必有极限,则有:若 $\{S_n\}$ 有界,则正项级数收敛;反之,若正项级数收敛,根据数列极限的有界性,则 $\{S_n\}$ 有界.由此,可得正项级数如下重要结论.

定理 1　正项级数收敛的充要条件为其部分和数列 $\{S_n\}$ 有界,即存在某正数 M,对一

切自然数 n，满足 $S_n=\sum\limits_{k=1}^{n}u_k\leqslant M$.

对于正项级数敛散性的判定，除了上述定理，常用下面定理判定.

定理 2（比较审敛法）　设有两个正项级数 $\sum\limits_{n=1}^{\infty}u_n$ 与 $\sum\limits_{n=1}^{\infty}v_n$，且 $u_n\leqslant v_n\ (n=1,\ 2,\ 3,\ \cdots)$，则

(1) 当级数 $\sum\limits_{n=1}^{\infty}v_n$ 收敛时，级数 $\sum\limits_{n=1}^{\infty}u_n$ 也收敛；

(2) 当级数 $\sum\limits_{n=1}^{\infty}u_n$ 发散时，级数 $\sum\limits_{n=1}^{\infty}v_n$ 也发散.

【注】　该法则可以简记为“**大的收敛，小的收敛；小的发散，大的发散**”.

推论（极限形式的比较审敛法）　设有两个正项级数 $\sum\limits_{n=1}^{\infty}u_n$ 与 $\sum\limits_{n=1}^{\infty}v_n$，如果 $\lim\limits_{n\to\infty}\dfrac{u_n}{v_n}=l$，则

(1) 当 $0<l<+\infty$ 时，级数 $\sum\limits_{n=1}^{\infty}u_n$ 与 $\sum\limits_{n=1}^{\infty}v_n$ 同时收敛或同时发散；

(2) 当 $l=0$ 时，若级数 $\sum\limits_{n=1}^{\infty}v_n$ 收敛，则级数 $\sum\limits_{n=1}^{\infty}u_n$ 收敛；

(3) 当 $l=+\infty$ 时，若级数 $\sum\limits_{n=1}^{\infty}v_n$ 发散，则级数 $\sum\limits_{n=1}^{\infty}u_n$ 发散.

定理 3（比值审敛法）　设有正项级数 $\sum\limits_{n=1}^{\infty}u_n$，若其后项与前项之比为 ρ，即 $\dfrac{u_{n+1}}{u_n}=\rho$，则

(1) 当 $\rho<1$ 时，该级数收敛；

(2) 当 $\rho>1$ 时（或 $\rho=+\infty$ 时），该级数发散；

(3) 当 $\rho=1$ 时，该级数可能收敛也可能发散.

定理 4（根值审敛法）　设有正项级数 $\sum\limits_{n=1}^{\infty}u_n$，若 $\lim\limits_{n\to+\infty}\sqrt[n]{u_n}=L$，则

(1) 当 $L<1$ 时，该级数收敛；

(2) 当 $L>1$ 时（或 $L=+\infty$ 时），该级数发散；

(3) 当 $L=1$ 时，该级数可能收敛也可能发散.

二、任意项级数的审敛法

定义 2　形如

$$\sum_{n=1}^{\infty}(-1)^{n-1}u_n\ (u_n>0)\ \text{或}\ \sum_{n=1}^{\infty}(-1)^{n}u_n\ (u_n>0)$$

的级数称为**交错级数**.

交错级数的特点是正项和负项交替出现，对于交错级数，有以下审敛法.

定理 5(莱布尼茨判别法) 若交错级数 $\sum_{n=1}^{\infty}(-1)^{n-1}u_n(u_n>0)$ 满足:

(1) $u_n \geqslant u_{n+1}(n=1, 2, 3, \cdots)$,

(2) $\lim_{n\to\infty} u_n=0$,

则该交错级数收敛,且其和 $S\leqslant u_1$,其余项 r_n 的绝对值,即误差 $|r_n|\leqslant u_{n+1}$.

定义 3 如果数项级数 $\sum_{n=1}^{\infty}u_n$ 的一般项 $u_n(n=1, 2, 3, \cdots)$为任意实数,则称该级数为**任意项级数**.任意项级数 $\sum_{n=1}^{\infty}u_n$ 各项的绝对值所构成的正项级数 $\sum_{n=1}^{\infty}|u_n|$ 称为原级数的**绝对值级数**.若一个级数的绝对值级数收敛,则称该级数**绝对收敛**;若一个级数本身收敛,但其绝对值级数发散,则称该级数**条件收敛**.

有关任意项级数与其绝对值级数的收敛性,有如下定理.

定理 6 若级数 $\sum_{n=1}^{\infty}|u_n|$ 收敛,则级数 $\sum_{n=1}^{\infty}u_n$ 必收敛.

定理 6 说明:绝对收敛的级数必定也收敛,但收敛的级数不一定绝对收敛.

知识巩固

例 1 讨论 ***p*-级数** $\sum_{n=1}^{\infty}\frac{1}{n^p}(p>0)$ 的敛散性.

解 当 $p\leqslant 1$ 时,有$\frac{1}{n^p}\geqslant\frac{1}{n}$,由于调和级数 $\sum_{n=1}^{\infty}\frac{1}{n}$ 是发散的,根据正项级数的比较审敛法,可知该级数发散.

当 $p>1$ 时,有

$$\begin{aligned}\sum_{n=1}^{\infty}\frac{1}{n^p}&=1+\frac{1}{2^p}+\frac{1}{3^p}+\cdots+\frac{1}{n^p}+\cdots\\&=1+\left(\frac{1}{2^p}+\frac{1}{3^p}\right)+\left(\frac{1}{4^p}+\frac{1}{5^p}+\frac{1}{6^p}+\frac{1}{7^p}\right)+\left(\frac{1}{8^p}+\cdots+\frac{1}{15^p}\right)+\cdots\\&<1+\left(\frac{1}{2^p}+\frac{1}{2^p}\right)+\left(\frac{1}{4^p}+\frac{1}{4^p}+\frac{1}{4^p}+\frac{1}{4^p}\right)+\left(\frac{1}{8^p}+\frac{1}{8^p}+\cdots+\frac{1}{8^p}\right)+\cdots\\&=1+\left(\frac{1}{2^{p-1}}\right)+\left(\frac{1}{2^{p-1}}\right)^2+\left(\frac{1}{2^{p-1}}\right)^3+\cdots=\sum_{n=1}^{\infty}\left(\frac{1}{2^p}\right)^{n-1},\end{aligned}$$

由于公比为$\frac{1}{2}$的等比级数 $\sum_{n=1}^{\infty}\left(\frac{1}{2^p}\right)^{n-1}$ 收敛,根据正项级数的比较审敛法,可知该级数收敛.

综上所述,p-级数

$$\sum_{n=1}^{\infty}\frac{1}{n^p}(p>0)=\begin{cases}\text{收敛},\text{当 } p>1,\\\text{发散},\text{当 } p\leqslant 1.\end{cases}$$

例 2　判定 $\sum\limits_{n=1}^{\infty}\dfrac{1}{\sqrt{n(n^2+1)}}$ 的敛散性.

解　因为 $\lim\limits_{n\to+\infty}\dfrac{\dfrac{1}{\sqrt{n(n^2+1)}}}{\dfrac{1}{\sqrt{n\cdot n^2}}}=\lim\limits_{n\to+\infty}\sqrt{\dfrac{n^3}{n^3+n}}=1$,而级数 $\sum\limits_{n=1}^{\infty}\dfrac{1}{\sqrt{n\cdot n^2}}=\sum\limits_{n=1}^{\infty}\dfrac{1}{n^{\frac{3}{2}}}$ 收敛,根据正项级数的极限形式的比较审敛法,可知该级数收敛.

例 3　判定下列正项级数的敛散性.

(1) $\sum\limits_{n=1}^{\infty}\dfrac{3^n}{n!}$;　　　　(2) $\sum\limits_{n=1}^{\infty}\left(\dfrac{3n}{2n+1}\right)^n$.

解　(1) 因为 $\dfrac{u_{n+1}}{u_n}=\dfrac{\dfrac{3^{n+1}}{(n+1)!}}{\dfrac{3^n}{n!}}=\dfrac{3}{n+1}$,有

$$\lim_{n\to+\infty}\frac{u_{n+1}}{u_n}=\lim_{n\to+\infty}\frac{3}{n+1}=0<1,$$

根据正项级数的比值审敛法,可知该级数收敛.

(2) 因为

$$\lim_{n\to+\infty}\sqrt[n]{u_n}=\lim_{n\to+\infty}\sqrt[n]{\left(\frac{3n}{2n+1}\right)^n}=\lim_{n\to+\infty}\frac{3n}{2n+1}=\frac{3}{2}>1,$$

根据正项级数的根值审敛法,可知该级数发散.

例 4　判定下列任意项级数的敛散性.

(1) $\sum\limits_{n=1}^{\infty}\dfrac{\cos\dfrac{n\pi}{4}}{4^n}$;　　　　(2) $\sum\limits_{n=1}^{\infty}(-1)^{n-1}\dfrac{1}{n}$.

解　(1) 因为 $\left|\dfrac{\cos\dfrac{n\pi}{4}}{4^n}\right|\leqslant\dfrac{1}{4^n}$,而等比级数 $\sum\limits_{n=1}^{\infty}\dfrac{1}{4^n}$ 收敛,继而级数 $\sum\limits_{n=1}^{\infty}\left|\dfrac{\cos\dfrac{n\pi}{4}}{4^n}\right|$ 收敛,所以级数 $\sum\limits_{n=1}^{\infty}\dfrac{\cos\dfrac{n\pi}{4}}{4^n}$ 绝对收敛.

(2) 该级数为交错级数,因为

$$u_n=\frac{1}{n}>\frac{1}{n+1}=u_{n+1},\quad \lim_{n\to+\infty}u_n=\lim_{n\to+\infty}\frac{1}{n}=0,$$

根据莱布尼茨判别法,可知 $\sum_{n=1}^{\infty}(-1)^{n-1}\frac{1}{n}$ 收敛,而 $\sum_{n=1}^{\infty}\left|(-1)^{n-1}\frac{1}{n}\right|=\sum_{n=1}^{\infty}\frac{1}{n}$ 发散,所以级数 $\sum_{n=1}^{\infty}(-1)^{n-1}\frac{1}{n}$ 条件收敛.

课后练习

1. 用比较审敛法或其极限形式的推论判定下列级数的敛散性.

(1) $1+\frac{1}{3}+\frac{1}{5}+\frac{1}{7}+\cdots$; (2) $\frac{1}{2}+\frac{1}{5}+\frac{1}{10}+\frac{1}{17}+\cdots$;

(3) $\sum_{n=1}^{\infty}\sin\frac{1}{n}$; (4) $\sum_{n=1}^{\infty}\frac{1+n}{1+n^2}$;

(5) $\sum_{n=1}^{\infty}\frac{1}{\sqrt{n^3+2n+1}}$; (6) $\sum_{n=1}^{\infty}\tan\frac{\pi}{n^2+1}$.

2. 用比值审敛法或根值审敛法判定下列级数的敛散性.

(1) $\sum_{n=1}^{\infty}\frac{n}{2^n}$; (2) $\frac{5}{1!}+\frac{5^2}{2!}+\frac{5^3}{3!}+\frac{5^4}{4!}+\cdots$;

(3) $\sum_{n=1}^{\infty}\frac{3\times5\times\cdots\times(2n+1)}{2\times5\times\cdots\times(3n-1)}$; (4) $\sum_{n=1}^{\infty}\frac{n!}{3^n+2}$;

(5) $\sum_{n=1}^{\infty}\frac{2^n\cdot n!}{n^n}$; (6) $\sum_{n=1}^{\infty}\left(\frac{n}{2n+1}\right)^n$;

(7) $\sum_{n=1}^{\infty}\frac{3^n}{1+e^n}$; (8) $\sum_{n=1}^{\infty}\frac{1}{[\ln(n+1)]^n}$.

3. 判定下列级数敛散性,若收敛,进而判定是绝对收敛还是条件收敛.

(1) $1-\frac{1}{3!}+\frac{1}{5!}-\frac{1}{7!}+\cdots$; (2) $\sum_{n=1}^{\infty}\frac{(-1)^{n+1}}{\ln(1+n)}$;

(3) $\sum_{n=1}^{\infty}(-1)^{n-1}\frac{1}{\sqrt{n^3}}$; (4) $\sum_{n=1}^{\infty}\frac{\sin\frac{n\pi}{5}}{n^2+1}$.

第三节 幂 级 数

知识引入

幂级数是函数级数的一种特殊情形,也是函数级数中最基本的级数之一,其形式简单，应用却广泛.幂级数本身具有很多便于运算的性质，利用幂级数的分析性质，通常可以简化复杂问题，因此其在解决函数方面的诸多问题中具有重要意义.

幂级数的具体概念是什么，对于其敛散性又有哪些定理和性质？

知识准备

一、幂级数的概念

定义 1 设函数项级数 $\sum_{n=1}^{\infty} u_n(x)$ 定义在区间 I 上，对于每一个确定的值 $x_0 \in I$，函数项级数 $\sum_{n=1}^{\infty} u_n(x)$ 就成为常数项级数 $\sum_{n=1}^{\infty} u_n(x_0)$，即

$$u_1(x_0)+u_2(x_0)+u_3(x_0)+\cdots+u_n(x_0)+\cdots.$$

若级数 $\sum_{n=1}^{\infty} u_n(x_0)$ 收敛，则称 x_0 为函数项级数 $\sum_{n=1}^{\infty} u_n(x)$ 的**收敛点**，函数项级数收敛点的集合称为它的**收敛域**.若级数 $\sum_{n=1}^{\infty} u_n(x_0)$ 发散，则称 x_0 为函数项级数 $\sum_{n=1}^{\infty} u_n(x)$ 的**发散点**，函数项级数发散点的集合称为它的**发散域**.易知，在收敛域上，函数项级数 $\sum_{n=1}^{\infty} u_n(x)$ 的和 S 为 x 的函数 $S(x)$，称此函数为函数项级数的**和函数**，和函数的定义域即为函数项级数的收敛域.

函数项级数前 n 项和，称为函数项级数的**部分和**，记作

$$S_n(x)=\sum_{n=1}^{\infty} u_n(x)=u_1(x)+u_2(x)+u_3(x)+\cdots+u_n(x),$$

在收敛域上，有 $\lim\limits_{n\to+\infty} S_n(x)=S(x)$，称 $r_n(x)=S(x)-S_n(x)$ 为函数项级数的**余项**，且有 $\lim\limits_{n\to+\infty} r_n(x)-0$.

定义 2 形如

$$\sum_{n=0}^{\infty} a_n(x-x_0)^n=a_0+a_1(x-x_0)+a_2(x-x_0)^2+\cdots+a_n(x-x_0)^n+\cdots$$

的函数项级数称为 $x-x_0$ 的**幂级数**，其中常数 a_0，a_1，a_2，$\cdots$，a_n，$\cdots$ 称为幂级数的**系数**.

令 $t=x-x_0$，则幂级数 $\sum_{n=0}^{\infty} a_n(x-x_0)^n$ 化为

$$\sum_{n=0}^{\infty} a_n t^n=a_0+a_1t+a_2t^2+\cdots+a_nt^n+\cdots,$$

因此,可以主要讨论如下形式的幂级数

$$\sum_{n=0}^{\infty} a_n x^n = a_0 + a_1 x + a_2 x^2 + \cdots + a_n x^n + \cdots.$$

关于幂级数的敛散性有如下结论.

定理 1(阿贝尔定理) 若幂级数 $\sum_{n=0}^{\infty} a_n x^n$ 在点 $x_0(x_0 \neq 0)$处收敛,则满足不等式$|x| < |x_0|$的一切点 x 使得该幂级数绝对收敛;反之,若幂级数 $\sum_{n=0}^{\infty} a_n x^n$ 在点 $x_0(x_0 \neq 0)$处发散,则满足不等式$|x| > |x_0|$的一切点 x 使得该幂级数发散.

推论 如果幂级数 $\sum_{n=0}^{\infty} a_n x^n$ 不是仅在 $x=0$ 一点处收敛,也不是在整个数轴上都收敛,则必存在一个确定的正数 R,使得

(1) 当$|x| < R$ 时,幂级数绝对收敛;

(2) 当$|x| > R$ 时,幂级数发散;

(3) 当$|x| = R$ 时,幂级数可能收敛也可能发散.

这个正数 R 称为幂级数的**收敛半径**,区间$(-R, R)$称为幂级数的**收敛区间**,收敛域的确定需要继续考察幂级数在 $x = \pm R$ 处的敛散情况.

若幂级数只在 $x=0$ 一点收敛,则规定收敛半径 $R=0$;若幂级数在整个数轴上都收敛,则规定收敛半径 $R=+\infty$,此时收敛区间为$(-\infty, +\infty)$.

对于幂级数收敛半径的确定,有如下定理.

定理 2 对于幂级数 $\sum_{n=0}^{\infty} a_n x^n$,若其相邻两项的系数 a_n、a_{n+1}满足

$$\lim_{n \to +\infty} \left| \frac{a_{n+1}}{a_n} \right| = \rho,$$

则有

(1) 当 $0 < \rho < +\infty$,收敛半径 $R = \dfrac{1}{\rho}$;

(2) 当 $\rho = 0$,收敛半径 $R = +\infty$;

(3) 当 $\rho = +\infty$,收敛半径 $R = 0$.

二、幂级数的性质

设幂级数 $\sum_{n=0}^{\infty} a_n x^n$ 与 $\sum_{n=0}^{\infty} b_n x^n$,其和函数分别为 $s_1(x)$、$s_2(x)$,收敛半径分别为 R_1、R_2,这两个级数有如下运算性质.

性质 1(加减运算)

$$\sum_{n=0}^{\infty}a_nx^n \pm \sum_{n=0}^{\infty}b_nx^n = \sum_{n=0}^{\infty}(a_n \pm b_n)x^n = s_1(x) \pm s_2(x),$$

此时收敛半径 $R=\min\{R_1, R_2\}$.

性质 2(乘法运算)

$$\begin{aligned}\sum_{n=0}^{\infty}a_nx^n \cdot \sum_{n=0}^{\infty}b_nx^n = a_0b_0 & \\ & + (a_0b_1 + a_1b_0)x \\ & + (a_0b_2 + a_1b_1 + a_2b_0)x^2 \\ & + \cdots + (a_0b_n + a_1b_{n-1} + \cdots + a_nb_0)x^n + \cdots,\end{aligned}$$

此时收敛半径 $R=\min\{R_1, R_2\}$.

除了上述加减、乘法运算性质外,关于收敛半径为 R 的幂级数 $\sum\limits_{n=0}^{\infty}a_nx^n$ 的和函数 $s(x)$还有下列重要性质.

性质 3(连续性)　幂级数 $\sum\limits_{n=0}^{\infty}a_nx^n$ 的和函数 $s(x)$在收敛区间$(-R, R)$内连续.

性质 4(可微性)　幂级数 $\sum\limits_{n=0}^{\infty}a_nx^n$ 的和函数 $s(x)$在收敛区间$(-R, R)$内可导,且有**逐项求导公式**

$$s'(x)=\left(\sum_{n=0}^{\infty}a_nx^n\right)'=\sum_{n=0}^{\infty}(a_nx^n)'=\sum_{n=1}^{\infty}na_nx^{n-1}\ (-R<x<+R),$$

逐项求导后的级数与原级数有相同的收敛半径.

性质 5(可积性)　幂级数 $\sum\limits_{n=0}^{\infty}a_nx^n$ 的和函数 $s(x)$在收敛区间$(-R, R)$内可积,且有**逐项积分公式**

$$\int_0^x s(x)\mathrm{d}x=\int_0^x\left(\sum_{n=0}^{\infty}a_nx^n\right)\mathrm{d}x=\sum_{n=0}^{\infty}\left(\int_0^x a_nx^n\mathrm{d}x\right)=\sum_{n=0}^{\infty}\frac{a_n}{n+1}x^{n+1}\ (-R<x<+R),$$

逐项积分后的级数与原级数有相同的收敛半径.

知识巩固

例 1　求幂级数 $1+x+\dfrac{x^2}{2}+\dfrac{x^3}{3}+\cdots+\dfrac{x^n}{n}+\cdots$的收敛半径和收敛域.

解　因为

$$\rho=\lim_{n\to+\infty}\left|\frac{a_{n+1}}{a_n}\right|=\lim_{n\to\infty}\left|\frac{\dfrac{1}{n+1}}{\dfrac{1}{n}}\right|=\lim_{n\to\infty}\frac{n}{n+1}=1,$$

所以收敛半径 $R=\dfrac{1}{\rho}=1$,收敛区间为$(-1,\ 1)$.

当 $x=-1$ 时,级数除去第一项成为交错级数

$$-1+\frac{1}{2}-\frac{1}{3}+\cdots+(-1)^n\ \frac{1}{n}+\cdots,$$

级数 $\sum\limits_{n=1}^{\infty}(-1)^n\ \dfrac{1}{n}$ 收敛,则 $1-1+\dfrac{1}{2}-\dfrac{1}{3}+\cdots+(-1)^n\ \dfrac{1}{n}+\cdots$收敛.

当 $x=1$ 时,级数除去第一项成为调和级数

$$1+\frac{1}{2}+\frac{1}{3}+\cdots+\frac{1}{n}+\cdots,$$

级数 $\sum\limits_{n=1}^{\infty}\dfrac{1}{n}$ 发散,则 $1+1+\dfrac{1}{2}+\dfrac{1}{3}+\cdots+\dfrac{1}{n}+\cdots$发散.

综上,该幂级数的收敛域是$[-1,\ 1)$.

例 2 求下列幂级数的收敛半径和收敛域.

(1) $\sum\limits_{n=1}^{\infty}\dfrac{(x+3)^n}{3^n\cdot n}$;　　　　(2) $\sum\limits_{n=1}^{\infty}\dfrac{2n-1}{2^n}x^{2n-1}$.

解 (1) 令 $x+3=t$,原幂级数化为 t 的幂级数 $\sum\limits_{n=1}^{\infty}\dfrac{t^n}{3^n\cdot n}$, 因为

$$\rho=\lim_{n\to+\infty}\left|\frac{a_{n+1}}{a_n}\right|=\lim_{n\to+\infty}\left|\frac{\dfrac{1}{3^{n+1}\cdot(n+1)}}{\dfrac{1}{3^n\cdot n}}\right|=\lim_{n\to+\infty}\frac{n}{3(n+1)}=\frac{1}{3},$$

则幂级数的收敛半径 $R=\dfrac{1}{\rho}=3$,收敛区间为$(-3,\ 3)$.当 $t=-3$ 时,级数 $\sum\limits_{n=1}^{\infty}(-1)^n\dfrac{1}{n}$ 为收敛的交错级数;当 $t-3$ 时,级数 $\sum\limits_{n=1}^{\infty}\dfrac{1}{n}$ 为发散的调和级数.所以幂级数 $\sum\limits_{n=1}^{\infty}\dfrac{t^n}{n}$ 的收敛域为$[-3,\ 3)$.

有$-3\leqslant t\leqslant 3$ 且 $t=x+3$,可得$-6\leqslant x<0$,因此 $\sum\limits_{n=1}^{\infty}\dfrac{(x+3)^n}{n}$ 的收敛域为$[-6,\ 0)$.

(2) 因为该幂级数缺少偶数次项,不能直接用定理 2.对于正项级数 $\sum\limits_{n=1}^{\infty}\left|\dfrac{2n-1}{2^n}x^{2n-1}\right|$,根据比值审敛法有

$$\rho=\lim_{n\to+\infty}\frac{\left|\frac{2n+1}{2^{n+1}}x^{2n+1}\right|}{\left|\frac{2n-1}{2^n}x^{2n-1}\right|}=\lim_{n\to+\infty}\frac{2n+1}{2(2n-1)}x^2=\frac{1}{2}x^2.$$

当 $\rho=\frac{1}{2}x^2<1$,即 $|x|<\sqrt{2}$,此时 $\sum_{n=1}^{\infty}\left|\frac{2n-1}{2^n}x^{2n-1}\right|$ 收敛,则 $\sum_{n=1}^{\infty}\frac{2n-1}{2^n}x^{2n-1}$ 绝对收敛;当 $\rho=\frac{1}{2}x^2>1$,即 $|x|>\sqrt{2}$ 时,原幂级数发散.所以该级数的收敛半径 $R=\sqrt{2}$.

又当 $x=-\sqrt{2}$ 时,级数 $-\sum_{n=1}^{\infty}\frac{2n-1}{\sqrt{2}}$ 发散;当 $x=\sqrt{2}$ 时,级数 $\sum_{n=1}^{\infty}\frac{2n-1}{\sqrt{2}}$ 也发散,因此该级数的收敛域为 $(-\sqrt{2},\ \sqrt{2})$.

例 3 求幂级数 $\sum_{n=1}^{\infty}nx^{n-1}$ 的收敛区间、和函数,并求 $\sum_{n=1}^{\infty}\frac{n}{4^{n-1}}$ 的和.

解 因为 $\rho=\lim_{n\to+\infty}\left|\frac{a_{n+1}}{a_n}\right|=\lim_{n\to+\infty}\frac{n+1}{n}=1$,则该级数的收敛半径为 $R=\frac{1}{\rho}=1$,收敛区间为 $(-1,\ 1)$.

令 $S(x)=\sum_{n=1}^{\infty}nx^{n-1}$,根据和函数的可积性,对 $S(x)$ 积分,可得

$$\int_0^x S(x)\mathrm{d}x=\int_0^x\left(\sum_{n=1}^{\infty}nx^{n-1}\right)\mathrm{d}x=\sum_{n=1}^{\infty}\int_0^x nx^{n-1}\mathrm{d}x=\sum_{n=1}^{\infty}x^n=\frac{x}{1-x}(-1<x<1),$$

所以 $S(x)=\left(\int_0^x S(x)\mathrm{d}x\right)'=\left(\frac{x}{1-x}\right)'=\frac{1}{(1-x)^2}(-1<x<1)$.

当 $x=\frac{1}{4}$ 时,可得 $\sum_{n=1}^{\infty}\frac{n}{4^{n-1}}=\frac{1}{\left(1-\frac{1}{4}\right)^2}=\frac{16}{9}$.

例 4 求幂级数 $\sum_{n=0}^{\infty}(-1)^n\frac{x^{n+1}}{n+1}$ 的收敛域、和函数.

解 因为 $\rho=\lim_{n\to+\infty}\left|\frac{a_{n+1}}{a_n}\right|=\lim_{n\to+\infty}\left|\frac{\frac{(-1)^{n+1}}{n+2}}{\frac{(-1)^n}{n+1}}\right|=\lim_{n\to+\infty}\frac{n+1}{n+2}=1$,则该级数的收敛半径为 $R=\frac{1}{\rho}=1$,收敛区间为 $(-1,\ 1)$.当 $x=-1$,级数 $-\sum_{n=0}^{\infty}\frac{1}{n+1}=-\sum_{n=1}^{\infty}\frac{1}{n}$ 发散;当 $x=1$,级数 $\sum_{n=0}^{\infty}(-1)^n\frac{1}{n+1}=\sum_{n=1}^{\infty}(-1)^{n-1}\frac{1}{n}$ 收敛.因此该级数的收敛域为 $(-1,\ 1]$.

令 $S(x)=\sum\limits_{n=0}^{\infty}(-1)^n\dfrac{x^{n+1}}{n+1}$，根据和函数的可微性，对 $S(x)$ 求导，可得

$$S'(x)=\left[\sum_{n=0}^{\infty}(-1)^n\frac{x^{n+1}}{n+1}\right]'=\sum_{n=0}^{\infty}\left[(-1)^n\frac{x^{n+1}}{n+1}\right]'=\sum_{n=0}^{\infty}(-1)^n x^n$$
$$=\sum_{n=0}^{\infty}(-x)^n=\frac{1}{1+x},$$

继而

$$S(x)-S(0)=\int_0^x S'(x)\mathrm{d}x=\int_0^x\frac{1}{1+x}\mathrm{d}x=\ln(1+x).$$

又 $S(0)=0$，所以 $S(x)=\ln(1+x)$，其中 $x\in(-1,1]$.

课后练习

1. 求下列幂级数的收敛半径及收敛域.

(1) $\sum\limits_{n=1}^{\infty}n!x^n$；　　(2) $\sum\limits_{n=0}^{\infty}\dfrac{x^n}{2^n}$；

(3) $\sum\limits_{n=1}^{\infty}(-1)^{n-1}\dfrac{x^n}{3^n n}$；　　(4) $\sum\limits_{n=1}^{\infty}\dfrac{(-4)^n}{n}x^n$；

(5) $\sum\limits_{n=1}^{\infty}2^{n-1}x^{2n-1}$；　　(6) $\sum\limits_{n=1}^{\infty}\dfrac{(x+5)^n}{\sqrt{n}}$.

2. 利用逐项求导或逐项积分，求下列级数的和函数.

(1) $\sum\limits_{n=1}^{\infty}\dfrac{x^{4n+1}}{4n+1}$；　　(2) $\sum\limits_{n=1}^{\infty}\dfrac{(-1)^{n+1}x^{n+1}}{n(n+1)}$.

第四节　函数的幂级数展开

知识引入

幂级数在其收敛区间内可以收敛于和函数，反过来，函数在一定范围也可以展开成幂级数的形式.巧妙利用幂级数的展开式及其性质可把一些较为复杂的问题转换为较简单的形式，使得解题思路更加清晰，函数的幂级数展开无论在函数的理论研究还是在应用方

面都有重要意义,具体该如何将函数展开为幂级数呢?

知识准备

一、泰勒级数

定义 1 设函数 $f(x)$在 x_0 的某邻域内具有直到 $n+1$ 阶导数,则对此邻域内任意点 x,有

$$f(x)=f(x_0)+f'(x_0)(x-x_0)+\frac{f''(x_0)}{2!}(x-x_0)^2+\cdots+\frac{f^{(n)}(x_0)}{n!}(x-x_0)^n+R_n(x),$$

上述公式称为函数 $f(x)$在点 x_0 处的 **n 阶泰勒公式**,简称为**泰勒公式**.其余项

$$R_n(x)=\frac{f^{(n+1)}(\xi)}{(n+1)!}(x-x_0)^{n+1}(\xi\text{ 介于 }x_0\text{ 与 }x\text{ 之间})$$

称为**拉格朗日余项**. 特别地,令泰勒公式中 $x_0=0$,则有**麦克劳林公式**

$$f(x)=f(0)+f'(0)x+\frac{f''(0)}{2!}x^2+\cdots+\frac{f^{(n)}(0)}{n!}x^n+\frac{f^{(n+1)}(\xi)}{(n+1)!}x^{n+1}$$
$$(\xi\text{ 介于 }0\text{ 与 }x\text{ 之间}).$$

利用泰勒公式,可以用一个关于$(x-x_0)$的 n 次多项式

$$p_n(x)=f(x_0)+f'(x_0)(x-x_0)+\frac{f''(x_0)}{2!}(x-x_0)^2+\cdots+\frac{f^{(n)}(x_0)}{n!}(x-x_0)^n$$

(也称为**泰勒多项式**)来近似的表达函数 $f(x)$,并可通过余项 $R_n(x)$估计误差.

定义 2 设函数 $f(x)$在 x_0 的某邻域内具有任意阶导数,称幂级数

$$\sum_{n=0}^{\infty}\frac{f^{(n)}(x_0)}{n!}(x-x_0)^n=f(x_0)+f'(x_0)(x-x_0)+\frac{f''(x_0)}{2!}(x-x_0)^2+\cdots+\frac{f^{(n)}(x_0)}{n!}(x-x_0)^n+\cdots$$

为 $f(x)$在点 x_0 处的**泰勒级数**.

当 $x_0=0$ 时,有

$$\sum_{n=0}^{\infty}\frac{f^{(n)}(0)}{n!}x^n=f(0)+f'(0)x+\frac{f''(0)}{2!}x^2+\cdots+\frac{f^{(n)}(0)}{n!}x^n+\cdots.$$

上述级数称为 $f(x)$的**麦克劳林级数**.

泰勒级数是泰勒多项式从有限项到无限项的推广,关于泰勒级数的收敛性有如下定理.

定理 若函数 $f(x)$ 在点 x_0 的某邻域内存在任意阶导数，则其泰勒级数收敛于 $f(x)$ 的充要条件为 $\lim\limits_{n\to+\infty} R_n(x)=0$. 此时，有

$$\begin{aligned}f(x)&=\sum_{n=0}^{\infty}\frac{f^{(n)}(x_0)}{n!}(x-x_0)^n\\&=f(x_0)+f'(x_0)(x-x_0)+\frac{f''(x_0)}{2!}(x-x_0)^2+\cdots\\&\quad+\frac{f^{(n)}(x_0)}{n!}(x-x_0)^n+\cdots.\end{aligned}$$

将函数展开成泰勒级数，就是用幂级数表示函数，易知，函数的幂级数展开式是唯一的.

二、函数展开成幂级数

一般常把函数 $f(x)$ 展开成 x 的幂级数形式，即展开成 $f(x)$ 的麦克劳林级数. 可使用如下两种方法展开.

1. 直接法

第一步：求出函数 $f(x)$ 的各阶导数 $f(x)$, $f'(x)$, $f''(x)$, $\cdots$, $f^{(n)}(x)$, $\cdots$，继而求出函数及各阶导数在 $x=0$ 的值 $f(0)$, $f'(0)$, $f''(0)$, $\cdots$, $f^{(n)}(0)$, $\cdots$；

第二步：写出麦克劳林级数

$$f(0)+f'(0)x+\frac{f''(0)}{2!}x^2+\cdots+\frac{f^{(n)}(0)}{n!}x^n+\cdots,$$

并求出收敛函数 $f(x)$ 的收敛半径 R 及收敛域；

第三步：判定余项 $R_n(x)=\dfrac{f^{(n+1)}(\xi)}{(n+1)!}x^{n+1}$，若 $\lim\limits_{n\to+\infty} R_n(x)=0$，则所求级数就是函数 $f(x)$ 的关于 x 的幂级数展开式，若 $\lim\limits_{n\to+\infty} R_n(x)\neq0$，虽然幂级数收敛，但是不收敛于 $f(x)$.

例如，若求 $f(x)=e^x$ 关于 x 的幂级数展开式，由于 $f^{(n)}(x)=e^x\,(n=1, 2, 3, \cdots)$，则 $f^{(n)}(0)=1(n=1, 2, 3, \cdots)$，得麦克劳林级数 $1+x+\dfrac{x^2}{2!}+\cdots+\dfrac{x^n}{n!}+\cdots=\sum\limits_{n=0}^{\infty}\dfrac{x^n}{n!}$. 由

$\rho=\lim\limits_{n\to+\infty}\left|\dfrac{a_{n+1}}{a_n}\right|=\lim\limits_{n\to+\infty}\left|\dfrac{\frac{1}{(n+1)!}}{\frac{1}{n!}}\right|=\lim\limits_{n\to+\infty}\dfrac{1}{n+1}=0$，可得该级数的收敛半径为 $R=+\infty$，即级数的收敛域为 $(-\infty, +\infty)$.

根据 $R_n(x)=\dfrac{e^{\xi}}{(n+1)!}x^{n+1}$（$\xi$ 介于 0 与 x 之间），因为 $\dfrac{x^{n+1}}{(n+1)!}$ 是收敛级数 $\sum\limits_{n=0}^{\infty}\dfrac{x^n}{n!}$ 的

一般项，由收敛的必要条件则有 $\lim\limits_{n\to+\infty}\dfrac{x^{n+1}}{(n+1)!}=0$，且 e^{ξ} 是有界的，因此 $\lim\limits_{n\to+\infty}R_n(x)=0$.

综上所述，可得 e^x 关于 x 的幂级数展开式为

$$e^x=\sum_{n=0}^{\infty}\frac{x^n}{n!}=1+x+\frac{x^2}{2!}+\cdots+\frac{x^n}{n!}+\cdots,\ x\in(-\infty,+\infty). \tag{9-1}$$

利用直接法，还可以得到如下一些常用的初等函数的幂级数展开式.

$$\begin{aligned}\sin x&=\sum_{n=1}^{\infty}\frac{(-1)^{n-1}x^{2n-1}}{(2n-1)!}\\&=x-\frac{x^3}{3!}+\frac{x^5}{5!}-\cdots+\frac{(-1)^{n-1}x^{2n-1}}{(2n-1)!}+\cdots,\ x\in(-\infty,+\infty).\end{aligned} \tag{9-2}$$

$$\begin{aligned}(1+x)^{\alpha}&=\sum_{n=0}^{\infty}\frac{\alpha(\alpha-1)\cdots(\alpha-n+1)}{n!}x^n\\&=1+\alpha x+\frac{\alpha(\alpha-1)}{2!}x^2+\frac{\alpha(\alpha-1)(\alpha-2)}{3!}x^3\\&\quad+\cdots+\frac{\alpha(\alpha-1)\cdots(\alpha-n+1)}{n!}x^n+\cdots,\ x\in(-1,1).\end{aligned} \tag{9-3}$$

特别地，有

$$\frac{1}{1+x}=\sum_{n=0}^{\infty}(-1)^nx^n=1-x+x^2-\cdots+(-1)^nx^n+\cdots,\ x\in(-1,1). \tag{9-4}$$

2. 间接法

直接法求函数的幂级数展开式，虽步骤明确，但计算量较大，且还需考虑余项是否以零为极限，过程较复杂.为此，常利用已知的幂级数展开式及幂级数本身的运算性质，间接求出所求函数的幂级数展开式.

例如，若要求 $\cos x$ 的幂级数，可直接在 $\sin x=\sum\limits_{n=1}^{\infty}\dfrac{(-1)^{(n-1)}x^{2n-1}}{(2n-1)!}$ 展开式的基础上，根据 $\cos x=(\sin x)'$，两边逐项求导，则有

$$\begin{aligned}\cos x&=\left[\sum_{n=1}^{\infty}\frac{(-1)^{n-1}x^{2n-1}}{(2n-1)!}\right]'=\sum_{n=1}^{\infty}\left[\frac{(-1)^{n-1}x^{2n-1}}{(2n-1)!}\right]'\\&=\sum_{n=0}^{\infty}(-1)^n\frac{x^{2n}}{(2n)!}=1-\frac{x^2}{2!}+\frac{x^4}{4!}-\cdots+(-1)^n\frac{x^{2n}}{(2n)!}+\cdots,\\&\quad x\in(-\infty,+\infty).\end{aligned} \tag{9-5}$$

再如，若要求 $\ln(1+x)$ 的幂级数，可直接在 $\dfrac{1}{1+x}=\sum\limits_{n=0}^{\infty}(-1)^nx^n$ 展开式的基础上，根据 $\ln(1+x)=\int_0^x\dfrac{1}{1+x}dx$，两边逐项积分，则有

$$\ln(1+x)=\int_0^x\left[\sum_{n=0}^{\infty}(-1)^n x^n\right]dx=\sum_{n=0}^{\infty}\int_0^x(-1)^n x^n dx$$

$$=\sum_{n=0}^{\infty}(-1)^n\frac{x^{n+1}}{n+1} \tag{9-6}$$

$$=x-\frac{x^2}{2}+\frac{x^3}{3}-\frac{x^4}{4}+\cdots+(-1)^n\frac{x^{n+1}}{n+1}+\cdots,\ x\in(-1,1].$$

知识巩固

例 1 将下列函数展开成 x 的幂级数.

(1) $f(x)=\dfrac{1}{3-x}$; (2) $f(x)=\dfrac{1}{x^2+3x+2}$.

解 (1) 因为 $\dfrac{1}{3-x}=\dfrac{1}{3\left(1-\dfrac{x}{3}\right)}=\dfrac{1}{3\left[1+\left(-\dfrac{x}{3}\right)\right]}$,用 $-\dfrac{x}{3}$ 代替公式(9-4)中的 x,得

$$\frac{1}{3-x}=\frac{1}{3\left[1+\left(-\dfrac{x}{3}\right)\right]}=\frac{1}{3}\cdot\frac{1}{1+\left(-\dfrac{x}{3}\right)}=\frac{1}{3}\cdot\sum_{n=0}^{\infty}(-1)^n\left(-\frac{x}{3}\right)^n$$

$$=\frac{1}{3}\cdot\sum_{n=0}^{\infty}\left(\frac{x}{3}\right)^n,\ \frac{x}{3}\in(-1,1),$$

所以

$$\frac{1}{3-x}=\sum_{n=0}^{\infty}\frac{x^n}{3^{n+1}}=\frac{1}{3}+\frac{x}{9}+\frac{x^2}{27}+\cdots+\frac{x^n}{3^{n+1}}+\cdots,\ x\in(-3,3).$$

(2) 因为 $\dfrac{1}{x^2+3x+2}=\dfrac{1}{(x+1)(x+2)}=\dfrac{1}{x+1}-\dfrac{1}{x+2}$,又

$$\frac{1}{x+1}=\frac{1}{2+(x-1)}=\frac{1}{2}\times\frac{1}{1+\dfrac{x-1}{2}}=\sum_{n=0}^{\infty}(-1)^n\frac{(x-1)^n}{2^{n+1}},$$

$$\frac{1}{x+2}=\frac{1}{3+(x-1)}=\frac{1}{3}\times\frac{1}{1+\dfrac{x-1}{3}}=\sum_{n=0}^{\infty}(-1)^n\frac{(x-1)^n}{3^{n+1}},$$

其中 x 满足 $\left|\dfrac{x-1}{2}\right|<1$ 且 $\left|\dfrac{x-1}{3}\right|<1$,即 $-1<x<3$,所以

$$\frac{1}{x^2+3x+2}=\sum_{n=0}^{\infty}(-1)^n\frac{(x-1)^n}{2^{n+1}}-\sum_{n=0}^{\infty}(-1)^n\frac{(x-1)^n}{3^{n+1}}$$

$$=\sum_{n=0}^{\infty}(-1)^n\left(\frac{1}{2^{n+1}}-\frac{1}{3^{n+1}}\right)(x-1)^n,\ x\in(-1,3).$$

例 2 将函数发 $f(x)=\sin^2 x$ 展开成 x 的幂级数.

解 因为 $\sin^2 x=\frac{1}{2}(1-\cos 2x)$，用 $2x$ 代替公式(9-5)中的 x，得

$$\cos 2x=\sum_{n=0}^{\infty}(-1)^n\frac{(2x)^{2n}}{(2n)!}=1-\frac{(2x)^2}{2!}+\frac{(2x)^4}{4!}-\cdots+(-1)^n\frac{(2x)^{2n}}{(2n)!}+\cdots,$$

$$x\in(-\infty,\infty),$$

所以

$$\begin{aligned}\sin^2 x&=\frac{1}{2}(1-\cos 2x)=\frac{1}{2}\left[1-\left(1-\frac{(2x)^2}{2!}+\frac{(2x)^4}{4!}-\cdots+(-1)^n\frac{(2x)^{2n}}{(2n)!}+\cdots\right)\right]\\&=\frac{1}{2}\left[\frac{(2x)^2}{2!}-\frac{(2x)^4}{4!}+\cdots+(-1)^{n+1}\frac{(2x)^{2n}}{(2n)!}+\cdots\right]\\&=\sum_{n=1}^{\infty}(-1)^{n+1}\frac{2^{2n-1}}{(2n)!}x^{2n},\ x\in(-\infty,\infty).\end{aligned}$$

例 3 将函数 $f(x)=\ln x$ 展开成 $x-5$ 的幂级数.

解 因为 $\ln x=\ln[5+(x-5)]=\ln\left[5\cdot\left(1+\frac{x-5}{5}\right)\right]=\ln 5+\ln\left(1+\frac{x-5}{5}\right)$，用 $\frac{x-5}{5}$ 代替公式(9-6)中的 x，得

$$\ln\left(1+\frac{x-5}{5}\right)=\sum_{n=0}^{\infty}\frac{(-1)^n}{n+1}\left(\frac{x-5}{5}\right)^{n+1},\ \frac{x-5}{5}\in(-1,1],$$

所以

$$\ln x=\ln 5+\sum_{n=0}^{\infty}\frac{(-1)^n}{n+1}\left(\frac{x-5}{5}\right)^{n+1},\ x\in(0,10].$$

例 4 将函数 $f(x)=\arctan x$ 展开成 x 的幂级数.

解 因为 $\arctan x=\int_0^x\frac{1}{1+x^2}\mathrm{d}x$，用 x^2 代替公式(9-4)中的 x，得

$$\frac{1}{1+x^2}=\sum_{n=0}^{\infty}(-1)^n x^{2n},\ x^2\in(0,1),$$

将其逐项积分，可得

$$\begin{aligned}\arctan x&=\int_0^x\frac{1}{1+x^2}\mathrm{d}x=\int_0^x\left[\sum_{n=0}^{\infty}(-1)^n x^{2n}\right]\mathrm{d}x\\&=\sum_{n=0}^{\infty}\int_0^x(-1)^n x^{2n}\mathrm{d}x=\sum_{n=0}^{\infty}(-1)^n\frac{x^{2n+1}}{2n+1},\ x\in(-1,1),\end{aligned}$$

又当 $x=-1$、$x=1$ 时，级数分别为收敛的交错级数 $\sum_{n=1}^{\infty}(-1)^{n-1}\frac{1}{2n-1}$ 与 $\sum_{n=1}^{\infty}(-1)^{n}\cdot\frac{1}{2n-1}$，所以其收敛域为 $[-1,\ 1]$.即有

$$\arctan x=\sum_{n=0}^{\infty}(-1)^{n}\frac{x^{2n+1}}{2n+1},\ x\in[-1,\ 1].$$

课后练习

1. 将下列函数展开成 x 的幂级数.

(1) $f(x)=e^{-2x}$；　　(2) $f(x)=\frac{1}{4+x}$；

(3) $f(x)=x^{3}\cos\frac{x}{2}$；　　(4) $f(x)=\frac{3}{2+x-x^{2}}$；

(5) $f(x)=\frac{e^{x}-e^{-x}}{2}$；　　(6) $f(x)=\cos^{2}x$.

2. 将函数 $f(x)=\sin x$ 展开为 $x-\frac{\pi}{4}$ 的幂级数.

3. 将函数 $f(x)=\frac{1}{x}$ 展开为 $x+2$ 的幂级数.

4. 将函数 $f(x)=\ln(1+x)$ 展开为 $x-3$ 的幂级数.

复　习　题

1. 判断题.

(1) 若级数 $\sum_{n=1}^{\infty}u_n$ 发散，则必有 $\lim_{n\to+\infty}u_n\neq 0$；　(　　)

(2) 若正项级数 $\sum_{n=1}^{\infty}u_n$ 与 $\sum_{n=1}^{\infty}v_n$ 都收敛，则级数 $\sum_{n=1}^{\infty}(u_n+v_n)^2$ 也收敛；　(　　)

(3) 若幂级数 $\sum_{n=0}^{\infty}a_nx^n$ 在点 $x_0=-2$ 处收敛，则满足不等式 $|x|<2$ 的一切点 x 使得该幂级数绝对收敛；　(　　)

(4) 增加级数的有限多个项，级数的敛散性要改变；　(　　)

(5) 设 $u_n \leqslant v_n\ (n=1, 2, 3, \cdots)$,若级数 $\sum\limits_{n=1}^{\infty} v_n$ 收敛,则级数 $\sum\limits_{n=1}^{\infty} u_n$ 收敛; ( )

(6) 幂级数 $\sum\limits_{n=0}^{\infty} \dfrac{x^{2n}}{4^n}$ 的收敛区间为$(-2, 2)$. ( )

2. 选择题.

(1) 部分和数列$\{S_n\}$有界是正项级数收敛的( );

A. 充分条件　　B. 必要条件

C. 既不充分也不必要条件　　D. 充要条件

(2) 若常数项级数 $\sum\limits_{n=1}^{\infty} u_n$ 收敛,则下列级数收敛的是( );

A. $\sum\limits_{n=1}^{\infty}(u_n-1)$　　B. $\sum\limits_{n=1}^{\infty}|u_n|$

C. $\sum\limits_{n=1}^{\infty}\left(u_n+\dfrac{1}{n}\right)$　　D. $\sum\limits_{n=1}^{10}\dfrac{1}{n}+\sum\limits_{n=11}^{\infty}u_n$

(3) 幂级数$\dfrac{1}{2-x}=\sum\limits_{n=0}^{\infty}\dfrac{x^n}{2^{n+1}}$ 成立的 x 的范围是( );

A. $(-2, 2)$　　B. $[-2, 2]$　　C. $(-1, 1)$　　D. $[-1, 1]$

(4) 下列交错级数条件收敛的是( );

A. $\sum\limits_{n=1}^{\infty}(-1)^n\dfrac{n}{n+1}$　　B. $\sum\limits_{n=1}^{\infty}(-1)^n\sqrt{n}$

C. $\sum\limits_{n=1}^{\infty}(-1)^n\dfrac{1}{n^2}$　　D. $\sum\limits_{n=1}^{\infty}(-1)^n\dfrac{1}{\sqrt{n}}$

(5) 在区间$(-1, 1)$内,幂级数 $\sum\limits_{n=1}^{\infty}\dfrac{x^{2n-1}}{2n-1}$ 的和函数为( ).

A. $\dfrac{1}{1+x^2}$　　B. $\dfrac{1}{1-x^2}$　　C. $\arctan x$　　D. $-\arctan x$

3. 填空题.

(1) 若级数 $\sum\limits_{n=1}^{\infty}u_n$ 绝对收敛,则级数 $\sum\limits_{n=1}^{\infty}|u_n|$ 必定______;若级数 $\sum\limits_{n=1}^{\infty}u_n$ 条件收敛,则级数 $\sum\limits_{n=1}^{\infty}|u_n|$ 必定________.(填“收敛”或“发散”)

(2) 函数 $\ln(1+2x)$展开 x 的幂级数,其收敛半径为______,收敛区间为______,收敛域为______.

(3) 设 S_n 是级数 $\sum\limits_{n=1}^{\infty}\dfrac{1}{2^n}$ 的前 n 项和,则 $\lim\limits_{n\to+\infty}S_n=$________.

(4) 函数 $f(x)=e^x$ 的幂级数展开式为 $e^x=$____, $\sum\limits_{n=0}^{\infty}\dfrac{1}{n!}=$____, $\sum\limits_{n=0}^{\infty}\dfrac{2n}{n!}=$____.

(5) 收敛级数 $\sum_{n=0}^{\infty}\frac{(-2)^{n-1}}{5^n}=$__________，$\sum_{n=2}^{\infty}\frac{1}{n^2+4n-5}=$__________.

4. 计算题.

(1) 判定下列级数的敛散性.

① $\sum_{n=1}^{\infty}\frac{1}{(n+2)(n+3)}$；　　② $\sum_{n=1}^{\infty}n\ln\frac{n}{n+1}$.

(2) 判定下列级数是否收敛，若收敛，是绝对收敛还是条件收敛.

① $\sum_{n=1}^{\infty}(-1)^n\frac{n}{3^{n-1}}$；　　② $\sum_{n=1}^{\infty}(-1)^{n-1}\frac{1}{3\cdot 2^n}$.

(3) 求下列幂级数的收敛域.

① $\sum_{n=1}^{\infty}\frac{x^n}{n\cdot 3^n}$；　　② $\sum_{n=1}^{\infty}\frac{(2x+1)^n}{n}$.

拓展阅读

数学家的故事

——棣莫弗

第十章

傅里叶级数

傅里叶级数是数学分析中的一个重要内容，其相关知识已经成为从事科学研究和工程设计等科技人员必备的数学基础.本章先介绍傅里叶级数的相关概念，再进一步给出奇偶函数、周期为 $2l$ 的函数以及定义在有限区间上的函数的傅里叶级数展开.

第一节 傅里叶级数的基本概念

知识引入

在自然科学和工程技术中，常遇到周期函数的问题.在周期函数中，正弦型函数是一种简单且常见的周期函数，例如描述简谐振动的函数

$$y=A\sin(\omega t+\varphi)$$

就是一个周期为$\frac{2\pi}{\omega}$的正弦型函数，其中 A 为振幅，ω 为角频率，φ 为初相.

在实际问题中，还会遇到非正弦的周期函数，如电子技术中常用的矩形波以及非正弦周期电流、电压等电路变量.对于这些周期函数需要用很多甚至无穷多个频率不同的正弦型函数的叠加来表示，即将周期函数 $f(x)$用一系列正弦型函数如 $A_n\sin(n\omega t+\varphi_n)$之和来表示，记作

$$f(x)=A_0+\sum_{n=1}^{\infty}A_n\sin(n\omega t+\varphi_n),$$

其中 A_0、A_n、φ_n($n=1, 2, 3, \cdots$)均为常数.进一步，可表示为

$$f(x)=\frac{a_0}{2}+\sum_{n=1}^{\infty}(a_n\cos nx+b_n\sin nx),$$

其中 a_0、a_n、b_n($n=1, 2, 3, \cdots$)均为常数.

如何用正弦或余弦函数具体表示这些复杂的周期函数呢？

知识准备

一、三角级数及其正交性

定义 1 形如

$$\frac{a_0}{2}+\sum_{n=1}^{\infty}(a_n\cos nx+b_n\sin nx)$$

的函数项级数称为**三角级数**，称常数 a_0、a_n、b_n($n=1, 2, 3, \cdots$)为该**三角级数的系数.**

其中，三角级数中出现的函数

$$1,\ \cos x,\ \sin x,\ \cos 2x,\ \sin 2x,\ \cdots,\ \cos nx,\ \sin nx,\ \cdots$$

组成的集合,称为**三角函数系**.

通过积分运算,可得如下三角函数系的重要性质.

性质 三角函数系中任意两个函数之积在$[-\pi,\ \pi]$上的积分等于零,即

$$\int_{-\pi}^{\pi} 1 \cdot \cos nx\,\mathrm{d}x = 0 \quad (n = 1,\ 2,\ 3,\ \cdots),$$

$$\int_{-\pi}^{\pi} 1 \cdot \sin nx\,\mathrm{d}x = 0 \quad (n = 1,\ 2,\ 3,\ \cdots),$$

$$\int_{-\pi}^{\pi} \cos nx \sin kx\,\mathrm{d}x = 0 \quad (n、k = 1,\ 2,\ 3,\ \cdots),$$

$$\int_{-\pi}^{\pi} \cos nx \cos kx\,\mathrm{d}x = 0 \quad (n \neq k,\ n、k = 1,\ 2,\ 3,\ \cdots),$$

$$\int_{-\pi}^{\pi} \sin nx \sin kx\,\mathrm{d}x = 0 \quad (n \neq k,\ n、k = 1,\ 2,\ 3,\ \cdots),$$

称以上性质为三角函数系的**正交性**.

此外,三角函数系中任意一个函数的平方在$[-\pi,\ \pi]$上的积分不等于零,且有

$$\int_{-\pi}^{\pi} 1^2\,\mathrm{d}x = 2\pi,$$

$$\int_{-\pi}^{\pi} \cos^2 nx\,\mathrm{d}x = \pi (n = 1,\ 2,\ 3,\ \cdots),$$

$$\int_{-\pi}^{\pi} \sin^2 nx\,\mathrm{d}x = \pi (n = 1,\ 2,\ 3,\ \cdots).$$

二、周期为 2π 的函数展开为傅里叶级数

设 $f(x)$是周期为 2π 的函数,若可以展开为三角级数,即

$$f(x) = \frac{a_0}{2} + \sum_{n=1}^{\infty} (a_n \cos nx + b_n \sin nx),$$

对上式两端在$[-\pi,\ \pi]$上积分,则有

$$\int_{-\pi}^{\pi} f(x)\,\mathrm{d}x = \int_{-\pi}^{\pi} \frac{a_0}{2}\,\mathrm{d}x + \sum_{n=1}^{\infty} \left(a_n \int_{-\pi}^{\pi} \cos nx\,\mathrm{d}x + b_n \int_{-\pi}^{\pi} \sin nx\,\mathrm{d}x \right),$$

由三角函数系的正交性,可得

$$a_0 = \frac{1}{\pi} \int_{-\pi}^{\pi} f(x)\,\mathrm{d}x.$$

用 $\cos kx$ 乘以三角级数式的两端,求其在$[-\pi,\ \pi]$上的积分,则有

$$\int_{-\pi}^{\pi} f(x)\cos kx\,\mathrm{d}x = \int_{-\pi}^{\pi}\left[\frac{a_0}{2}+\sum_{n=1}^{\infty}(a_n\cos nx + b_n\sin nx)\right]\cos kx\,\mathrm{d}x$$

$$= \int_{-\pi}^{\pi}\frac{a_0}{2}\cos kx\,\mathrm{d}x + \sum_{n=1}^{\infty}\left(a_n\int_{-\pi}^{\pi}\cos nx\cos kx\,\mathrm{d}x + b_n\int_{-\pi}^{\pi}\sin nx\cos kx\,\mathrm{d}x\right),$$

由三角函数系的正交性,可得 $\int_{-\pi}^{\pi} f(x)\cos nx\,\mathrm{d}x = a_n\int_{-\pi}^{\pi}\cos^2 nx\,\mathrm{d}x = a_n\pi$,则

$$a_n = \frac{1}{\pi}\int_{-\pi}^{\pi} f(x)\cos nx\,\mathrm{d}x \quad (n=1,\ 2,\ 3,\ \cdots).$$

类似地,用 $\sin kx$ 乘以三角级数式的两端,求其在 $[-\pi,\ \pi]$ 上的积分,可得

$$b_n = \frac{1}{\pi}\int_{-\pi}^{\pi} f(x)\sin nx\,\mathrm{d}x \quad (n=1,\ 2,\ 3,\ \cdots).$$

由此,可得如下定义.

定义 2 设 $f(x)$ 是周期为 2π 的函数,若式子

$$a_n = \frac{1}{\pi}\int_{-\pi}^{\pi} f(x)\cos nx\,\mathrm{d}x \quad (n=1,\ 2,\ 3,\ \cdots),$$

$$b_n = \frac{1}{\pi}\int_{-\pi}^{\pi} f(x)\sin nx\,\mathrm{d}x \quad (n=1,\ 2,\ 3,\ \cdots)$$

中的积分都存在,则称级数

$$\frac{a_0}{2}+\sum_{n=1}^{\infty}(a_n\cos nx + b_n\sin nx)$$

为函数 $f(x)$ 的**傅里叶级数**,称系数 a_0、a_n、b_n $(n=1,\ 2,\ 3,\ \cdots)$ 为函数 $f(x)$ 的**傅里叶系数**.

关于函数的傅里叶级数收敛性,有如下定理.

定理 1(狄利克雷收敛条件) 设 $f(x)$ 是周期为 2π 的函数,若 $f(x)$ 满足:

(1) 在一个周期内连续或只有有限个第一类间断点,

(2) 在一个周期内至多只有有限个极值点,

则函数 $f(x)$ 的傅里叶级数收敛,并且

当 x 是函数 $f(x)$ 的连续点时,级数收敛于 $f(x)$;

当 x 是函数 $f(x)$ 的间断点时,级数收敛于 $\frac{1}{2}[f(x^-)+f(x^+)]$.

一般地,把周期为 2π 的函数 $f(x)$ 展开为傅里叶级数可按如下步骤.

第一步:结合图形判断 $f(x)$ 是否满足狄利克雷收敛条件;

第二步:根据傅里叶系数公式计算傅里叶系数;

第三步:写出函数 $f(x)$ 的傅里叶级数展开式,并注明 x 的取值范围.

知识巩固

例 1 设 $f(x)$是周期为 2π 的函数,其在一个周期$[-\pi, \pi)$上的函数关系为

$$f(x)=\begin{cases}-1, & -\pi\leqslant x<0,\\ 1, & 0\leqslant x<\pi,\end{cases}$$

将函数 $f(x)$展开成傅里叶级数.

解 函数 $f(x)$的图形如图 10-1 所示,是一矩形波,其仅在 $x=k\pi(k\in\mathbf{Z})$点处不连续,满足狄利克雷收敛条件,所以 $f(x)$的傅里叶级数收敛.

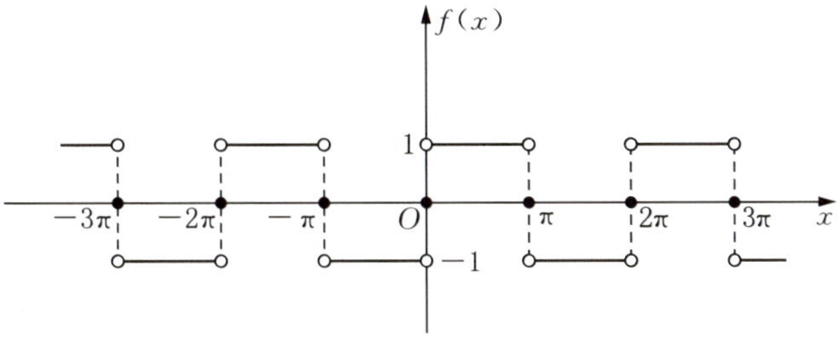

图 10-1

由傅里叶系数公式可得

$$\begin{aligned}a_n&=\frac{1}{\pi}\int_{-\pi}^{\pi}f(x)\cos nx\,\mathrm{d}x\\&=\frac{1}{\pi}\int_{-\pi}^{0}(-1)\cdot\cos nx\,\mathrm{d}x+\frac{1}{\pi}\int_{0}^{\pi}1\cdot\cos nx\,\mathrm{d}x\\&=-\frac{1}{\pi}\int_{\pi}^{0}\cos(-nx)\,\mathrm{d}(-x)+\frac{1}{\pi}\int_{0}^{\pi}\cos nx\,\mathrm{d}x\\&=\frac{1}{\pi}\int_{\pi}^{0}\cos nx\,\mathrm{d}x+\frac{1}{\pi}\int_{0}^{\pi}\cos nx\,\mathrm{d}x=0\quad(n=0,1,2,\cdots),\end{aligned}$$

$$\begin{aligned}b_n&=\frac{1}{\pi}\int_{-\pi}^{\pi}f(x)\sin nx\,\mathrm{d}x\\&=\frac{1}{\pi}\int_{-\pi}^{0}(-1)\cdot\sin nx\,\mathrm{d}x+\frac{1}{\pi}\int_{0}^{\pi}1\cdot\sin nx\,\mathrm{d}x\\&=\frac{1}{\pi}\left[\frac{1}{n}-\frac{\cos n(-\pi)}{n}\right]+\frac{1}{\pi}\left(\frac{1}{n}-\frac{\cos n\pi}{n}\right)=\begin{cases}\dfrac{4}{n\pi}, & n=1,3,5,\cdots,\\ 0, & n=2,4,6,\cdots.\end{cases}\end{aligned}$$

函数 $f(x)$的傅里叶级数为

$$\frac{a_0}{2}+\sum_{n=1}^{\infty}(a_n\cos nx+b_n\sin nx)=\sum_{n=1}^{\infty}b_n\sin nx.$$

当 $x=k\pi(k\in\mathbf{Z})$时,级数收敛于$\frac{1}{2}[f(x^-)+f(x^+)]=\frac{-1+1}{2}=0$.

当 $x\neq k\pi(k\in\mathbf{Z})$时,级数收敛于 $f(x)$,即

$$f(x)=\frac{4}{\pi}\left[\sin x+\frac{1}{3}\sin 3x+\frac{1}{5}\sin 5x+\cdots+\frac{1}{2n-1}\sin(2n-1)x+\cdots\right]$$
$$(-\infty<x<+\infty;\ x\neq k\pi,\ k\in\mathbf{Z}).$$

例 2 设 $f(x)$是周期为 2π 的函数,其在一个周期$[-\pi,\ \pi)$上的函数关系为

$$f(x)=\begin{cases}0, & -\pi\leqslant x<0,\\ x, & 0\leqslant x<\pi,\end{cases}$$

将函数 $f(x)$展开成傅里叶级数.

解 函数 $f(x)$的图形如图 10-2 所示,其仅在 $x=(2k+1)\pi(k\in\mathbf{Z})$点处不连续,满足狄利克雷收敛条件,所以 $f(x)$的傅里叶级数收敛.

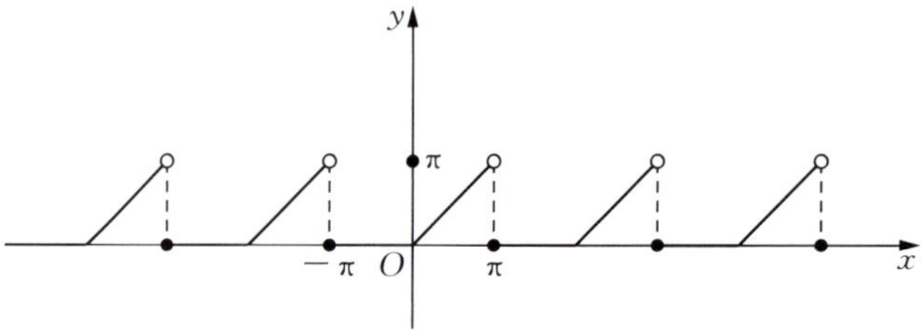

图 10-2

由傅里叶系数公式可得

$$a_0=\frac{1}{\pi}\int_{-\pi}^{\pi}f(x)\mathrm{d}x=\frac{1}{\pi}\int_0^{\pi}x\,\mathrm{d}x=\frac{1}{\pi}\cdot\frac{x^2}{2}\bigg|_0^{\pi}=\frac{\pi}{2},$$

$$\begin{aligned}a_n&=\frac{1}{\pi}\int_{-\pi}^{\pi}f(x)\cos nx\,\mathrm{d}x=\frac{1}{\pi}\int_0^{\pi}x\cos nx\,\mathrm{d}x\\&=\frac{1}{\pi}\left(\frac{x}{n}\sin nx+\frac{1}{n^2}\cos nx\right)\bigg|_0^{\pi}\\&=\frac{1}{n^2\pi}[\cos n\pi-1]=\begin{cases}-\frac{2}{n^2\pi}, & n=1,\ 3,\ 5,\ \cdots,\\ 0, & n=2,\ 4,\ 6,\ \cdots,\end{cases}\end{aligned}$$

$$\begin{aligned}b_n&=\frac{1}{\pi}\int_{-\pi}^{\pi}f(x)\sin nx\,\mathrm{d}x=\frac{1}{\pi}\int_0^{\pi}x\sin nx\,\mathrm{d}x\\&=\frac{1}{\pi}\left(-\frac{x}{n}\cos nx+\frac{1}{n^2}\sin nx\right)\bigg|_0^{\pi}\\&=\frac{1}{\pi}\left(-\frac{\pi}{n}\cos n\pi\right)\bigg|_0^{\pi}=\frac{(-1)^{n-1}}{n}\quad(n=1,\ 2,\ 3,\ \cdots).\end{aligned}$$

函数 $f(x)$ 的傅里叶级数为

$$\frac{a_0}{2}+\sum_{n=1}^{\infty}(a_n\cos nx+b_n\sin nx)=\frac{\pi}{4}+\sum_{n=1}^{\infty}(a_n\cos nx+b_n\sin nx).$$

当 $x=(2k+1)\pi(k\in\mathbf{Z})$ 时,级数收敛于 $\frac{1}{2}[f(x^-)+f(x^+)]=\frac{\pi-0}{2}=\frac{\pi}{2}$.

当 $x\neq(2k+1)\pi(k\in\mathbf{Z})$ 时,级数收敛于 $f(x)$,即

$$f(x)=\frac{\pi}{4}-\frac{2}{\pi}\left[\cos x+\frac{1}{3^2}\cos 3x+\frac{1}{5^2}\cos 5x+\cdots+\frac{1}{(2n-1)^2}\cos(2n-1)x+\cdots\right]$$
$$+\left[\sin x-\frac{1}{2}\sin 2x+\frac{1}{3}\sin 3x-\cdots+\frac{(-1)^{n-1}}{n}\sin nx+\cdots\right]$$
$$(-\infty<x<+\infty;\ x\neq(2k+1)\pi,\ k\in\mathbf{Z}).$$

课后练习

1. 设 $f(x)$ 是周期为 2π 的函数,其在一个周期 $[-\pi,\ \pi)$ 上的函数关系为

$$f(x)=x\quad(-\pi\leqslant x<\pi),$$

将函数 $f(x)$ 展开成傅里叶级数.

2. 设 $f(x)$ 是周期为 2π 的函数,其在一个周期 $[-\pi,\ \pi)$ 上的函数关系为

$$f(x)=\mathrm{e}^x\quad(-\pi\leqslant x<\pi),$$

将函数 $f(x)$ 展开成傅里叶级数.

3. 在电子技术中,一个整流电路中的半波整流后的波形函数 $u(t)$ 是周期为 2π 的函数,其在一个周期 $[-\pi,\ \pi)$ 上的函数关系为

$$u(t)=\begin{cases}0, & -\pi\leqslant t<0,\\ E\sin t, & 0\leqslant t<\pi,\end{cases}$$

试将函数 $u(t)$ 展开成傅里叶级数.

第二节 函数的傅里叶级数展开

知识引入

求函数的傅里叶级数展开式,主要就是计算傅里叶系数,根据定积分中奇偶函数在对

称区间积分的性质，如果函数是特殊的奇函数或偶函数，其傅里叶级数会有什么特殊的结论？

上一节讨论了周期是 2π 的周期函数的傅里叶级数展开，但在实际问题中遇到的周期函数，其周期不一定是 2π，如果周期函数的周期为 $2l$，又如何将其展开为傅里叶级数？

一般情况下，若函数不是周期函数，而是定义在有限区间上，其傅里叶级数又如何计算？

知识准备

一、正弦级数及余弦级数

设 $f(x)$ 是周期为 2π 的函数，其傅里叶级数展开式为

$$\frac{a_0}{2}+\sum_{n=1}^{\infty}(a_n\cos nx+b_n\sin nx),$$

其中

$$a_n=\frac{1}{\pi}\int_{-\pi}^{\pi}f(x)\cos nx\,dx\quad(n=0,1,2,\cdots),$$

$$b_n=\frac{1}{\pi}\int_{-\pi}^{\pi}f(x)\sin nx\,dx\quad(n=1,2,3,\cdots).$$

若 $f(x)$ 为奇函数，则 $f(x)\cos nx$ 为奇函数，$f(x)\sin nx$ 为偶函数，可得

$$a_n=0\quad(n=0,1,2,\cdots),$$

$$b_n=\frac{2}{\pi}\int_{0}^{\pi}f(x)\sin nx\,dx\quad(n=1,2,3,\cdots),$$

此时，傅里叶级数只含有正弦项.

若 $f(x)$ 为偶函数，则 $f(x)\cos nx$ 为偶函数，$f(x)\sin nx$ 为奇函数，可得

$$a_n=\frac{2}{\pi}\int_{0}^{\pi}f(x)\cos nx\,dx\quad(n=0,1,2,\cdots),$$

$$b_n=0\quad(n=1,2,3,\cdots),$$

此时，傅里叶级数只含有余弦项.

由此，可得如下定理.

定理 2 设 $f(x)$ 是周期为 2π 的奇函数，则其傅里叶级数为

$$\sum_{n=1}^{\infty}b_n\sin nx,\ b_n=\frac{2}{\pi}\int_{0}^{\pi}f(x)\sin nx\,dx\quad(n=1,2,3,\cdots),$$

称为**正弦级数**.

若 $f(x)$ 是周期为 2π 的偶函数,则其傅里叶级数为

$$\frac{a_0}{2}+\sum_{n=1}^{\infty}a_n\cos nx\,,\ a_n=\frac{2}{\pi}\int_0^{\pi}f(x)\cos nx\,\mathrm{d}x\quad (n=0,\ 1,\ 2,\ \cdots),$$

称为**余弦级数**.

二、周期为 $2l$ 的周期函数的傅里叶级数

周期为 $2l$ 的周期函数 $f(x)$,其傅里叶级数展开式,可基于周期为 2π 的周期函数的傅里叶级数,经过自变量的变量代换 $t=\frac{\pi x}{l}\Rightarrow x=\frac{lt}{\pi}$,得到如下定理.

定理 3 设周期为 $2l$ 的周期函数 $f(x)$ 满足狄利克雷收敛条件,则其傅里叶级数展开式为

$$\frac{a_0}{2}+\sum_{n=1}^{\infty}\left(a_n\cos\frac{n\pi x}{l}+b_n\sin\frac{n\pi x}{l}\right),$$

其中

$$a_n=\frac{1}{l}\int_{-l}^{l}f(x)\cos\frac{n\pi x}{l}\mathrm{d}x\quad (n=0,\ 1,\ 2,\ \cdots),$$

$$b_n=\frac{1}{l}\int_{-l}^{l}f(x)\sin\frac{n\pi x}{l}\mathrm{d}x\quad (n=1,\ 2,\ 3,\ \cdots).$$

当 $f(x)$ 为奇函数时,傅里叶级数为

$$\sum_{n=1}^{\infty}b_n\sin\frac{n\pi x}{l},\ b_n=\frac{2}{l}\int_0^{l}f(x)\sin\frac{n\pi x}{l}\mathrm{d}x\quad (n=1,\ 2,\ 3,\ \cdots).$$

当 $f(x)$ 为偶函数时,傅里叶级数为

$$\frac{a_0}{2}+\sum_{n=1}^{\infty}a_n\cos\frac{n\pi x}{l},\ a_n=\frac{2}{l}\int_0^{l}f(x)\cos\frac{n\pi x}{l}\mathrm{d}x\quad (n=0,\ 1,\ 2,\ \cdots).$$

三、定义在有限区间上的函数的傅里叶级数

设函数 $f(x)$ 是定义在有限区间 $[-l,\ l)$ 上的函数,而非周期函数,为求其傅里叶级数展开常考虑对 $f(x)$ 作**周期延拓**,即将函数 $f(x)$ 的定义域扩展到 $(-\infty,\ +\infty)$,将该函数拓展为一个以 $2l$ 为周期的周期函数 $F(x)$;然后将 $F(x)$ 展开为傅里叶级数,再将 x 限定在 $[-l,\ l)$ 上,此时 $F(x)=f(x)$,从而得到 $f(x)$ 的傅里叶级数展开式.事实上,定义在 $[-l,\ l)$ 上的函数 $f(x)$ 与周期为 $2l$ 的函数 $F(x)$ 的傅里叶级数展开式的计算过程是一致的,其区别主要是在收敛范围讨论上的不同.

若函数 $f(x)$是定义在区间$(0, l)$上的非周期函数,为了将$(0, l)$上的函数 $f(x)$展开为正弦级数,须对 $f(x)$作**奇延拓**,即把 $f(x)$先延拓为$[-l, l)$上的奇函数,再延拓为$(-\infty, +\infty)$上的周期函数 $F(x)$,此时 $F(x)$在一个周期$[-l, l)$上的函数关系为

$$F(x)=\begin{cases} f(x), & 0<x<l, \\ -f(-x), & -l<x<0, \end{cases}$$

最后将 $F(x)$展开为正弦级数,继而可得定义在$(0, l)$上的函数 $f(x)$的正弦级数.

为了将$(0, l)$上的函数 $f(x)$展开为余弦级数,须对 $f(x)$作**偶延拓**,即把 $f(x)$先延拓为$[-l, l)$上的偶函数,再延拓为$(-\infty, +\infty)$上的周期函数 $F(x)$,此时 $F(x)$在一个周期$[-l, l)$上的函数关系为

$$F(x)=\begin{cases} f(x), & 0<x<l, \\ f(-x), & -l<x<0, \end{cases}$$

最后将 $F(x)$展开为余弦级数,继而可得定义在$(0, l)$上的函数 $f(x)$的余弦级数.

知识巩固

例 1 设 $f(x)$是周期为 2π 的函数,其在一个周期$[-\pi, \pi)$上的函数关系为

$$f(x)=\begin{cases} -x, & -\pi\leqslant x<0, \\ x, & 0\leqslant x<\pi, \end{cases}$$

将函数 $f(x)$展开成傅里叶级数.

解 周期函数 $f(x)$为定义在 $\mathbf{R}$ 上的连续函数,因为函数 $f(x)$为偶函数,其傅里叶级数是余弦级数,且

$$a_0=\frac{2}{\pi}\int_0^{\pi} f(x)\cos nx\,\mathrm{d}x=\frac{2}{\pi}\int_0^{\pi} x\,\mathrm{d}x=\pi,$$

$$a_n=\frac{2}{\pi}\int_0^{\pi} x\cos nx\,\mathrm{d}x=\frac{2}{\pi}\left(\frac{x}{n}\sin nx+\frac{1}{n^2}\cos nx\right)\Bigg|_0^{\pi}$$

$$=\frac{2}{n^2\pi}(\cos n\pi-1)=\begin{cases} -\dfrac{4}{n^2\pi}, & n=1, 3, 5, \cdots, \\ 0, & n=2, 4, 6, \cdots, \end{cases}$$

$$b_n=0 \quad (n=1, 2, 3, \cdots),$$

所以函数 $f(x)$的傅里叶级数为

$$f(x)=\frac{\pi}{2}-\frac{4}{\pi}\left[\cos x+\frac{1}{3^2}\cos 3x+\frac{1}{5^2}\cos 5x+\cdots+\frac{1}{(2n-1)^2}\cos(2n-1)x+\cdots\right]$$

$$(-\infty<x<+\infty).$$

例 2 设 $f(x)$是周期为 4 的函数,其在一个周期$[-2, 2)$上的函数关系为

$$f(x)=\begin{cases}0, & -2\leqslant x<0,\\ 2, & 0\leqslant x<2,\end{cases}$$

将函数 $f(x)$展开成傅里叶级数.

解 函数 $f(x)$仅在 $x=2k(k\in\mathbf{Z})$点处不连续,满足狄利克雷收敛条件,由傅里叶系数公式可得

$$a_0=\frac{1}{2}\int_{-2}^{2}f(x)\mathrm{d}x=\frac{1}{2}\int_{0}^{2}2\mathrm{d}x=2,$$

$$\begin{aligned}a_n&=\frac{1}{l}\int_{-l}^{l}f(x)\cos\frac{n\pi x}{l}\mathrm{d}x=\frac{1}{2}\int_{-2}^{2}f(x)\cos\frac{n\pi x}{2}\mathrm{d}x\\&=\frac{1}{2}\int_{0}^{2}2\cdot\cos\frac{n\pi x}{2}\mathrm{d}x=\frac{2}{n\pi}\cdot\sin\frac{n\pi x}{2}\Big|_0^2=0\quad(n=1,2,3,\cdots),\end{aligned}$$

$$\begin{aligned}b_n&=\frac{1}{l}\int_{-l}^{l}f(x)\sin\frac{n\pi x}{l}\mathrm{d}x=\frac{1}{2}\int_{-2}^{2}f(x)\sin\frac{n\pi x}{2}\mathrm{d}x\\&=\frac{1}{2}\int_{0}^{2}2\cdot\sin\frac{n\pi x}{2}\mathrm{d}x=-\frac{2}{n\pi}\cdot\cos\frac{n\pi x}{2}\Big|_0^2\\&=\frac{2}{n\pi}(1-\cos n\pi)=\begin{cases}\dfrac{4}{n\pi}, & n=1,3,5,\cdots,\\ 0, & n=2,4,6,\cdots,\end{cases}\end{aligned}$$

函数 $f(x)$的傅里叶级数为

$$\frac{a_0}{2}+\sum_{n=1}^{\infty}\left(a_n\cos\frac{n\pi x}{2}+b_n\sin\frac{n\pi x}{2}\right)=1+\sum_{n=1}^{\infty}\left(a_n\cos\frac{n\pi x}{2}+b_n\sin\frac{n\pi x}{2}\right).$$

当 $x=2k(k\in\mathbf{Z})$时,级数收敛于$\frac{1}{2}[f(x^-)+f(x^+)]=\frac{0+2}{2}=1$.

当 $x\neq 2k(k\in\mathbf{Z})$时,级数收敛于 $f(x)$,即

$$f(x)=1+\frac{4}{\pi}\left[\sin\frac{\pi}{2}x+\frac{1}{3}\sin\frac{3\pi}{2}x+\frac{1}{5}\sin\frac{5\pi}{2}x+\cdots+\frac{1}{(2n-1)}\sin\frac{(2n-1)\pi}{2}x+\cdots\right]$$
$$(-\infty<x<+\infty;\ x\neq 2k,\ k\in\mathbf{Z}).$$

例 3 将函数 $f(x)=x^2(-2\leqslant x\leqslant 2)$展开成傅里叶级数.

解 对定义在$[-2, 2]$上的函数 $f(x)$作周期延拓,延拓为定义在$(-\infty, +\infty)$上周期为 4 的周期函数 $F(x)$, $F(x)$在$(-\infty, +\infty)$上连续,满足狄利克雷收敛条件,$F(x)$为偶函数,则其可以展开为余弦级数,且

$$a_0=\frac{2}{2}\int_{0}^{2}f(x)\mathrm{d}x=\int_{0}^{2}x^2\mathrm{d}x=\frac{8}{3},$$

$$a_n=\frac{2}{2}\int_0^2 f(x)\cos\frac{n\pi x}{2}dx=\int_0^2 x^2\cos\frac{n\pi x}{2}dx=\frac{2}{n\pi}\int_0^2 x^2 d\sin\frac{n\pi x}{2}$$
$$=\frac{2}{n\pi}\left(x^2\sin\frac{n\pi x}{2}\Big|_0^2-\int_0^2\sin\frac{n\pi x}{2}dx^2\right)=\frac{8}{n^2\pi^2}\int_0^2 x\,d\cos\frac{n\pi x}{2}$$
$$=\frac{8}{n^2\pi^2}\left(x\cos\frac{n\pi x}{2}\Big|_0^2-\int_0^2\cos\frac{n\pi x}{2}dx\right)=(-1)^n\frac{16}{n^2\pi^2}\quad(n=1,2,3,\cdots),$$
$$b_n=0\quad(n=1,2,3,\cdots),$$

函数 $F(x)$的傅里叶级数为

$$\frac{a_0}{2}+\sum_{n=1}^{\infty}\left(a_n\cos\frac{n\pi x}{2}+b_n\sin\frac{n\pi x}{2}\right)=\frac{4}{3}+\sum_{n=1}^{\infty}a_n\cos\frac{n\pi x}{2},$$

所以函数 $f(x)$的傅里叶级数为

$$f(x)=\frac{4}{3}+\frac{16}{\pi^2}\left[-\cos\frac{\pi}{2}x+\frac{1}{2^2}\cos\frac{2\pi}{2}x-\frac{1}{3^2}\cos\frac{3\pi}{2}x+\cdots+(-1)^n\frac{1}{n^2}\cos\frac{n\pi}{2}x+\cdots\right]$$
$$(-2\leqslant x\leqslant 2).$$

例 4 将函数 $f(x)=2x+1(0\leqslant x\leqslant\pi)$展开成正弦级数.

解 对函数 $f(x)$作奇延拓为函数 $F(x)$，$F(x)$在一个周期上的函数关系为

$$F(x)=\begin{cases}f(x), & 0\leqslant x\leqslant\pi,\\ -f(-x), & -\pi\leqslant x<0,\end{cases}$$

奇函数 $F(x)$可以展开为正弦级数,且

$$a_n=0\quad(n=0,1,2,3,\cdots),$$
$$b_n=\frac{2}{\pi}\int_0^{\pi}f(x)\sin nx\,dx=\frac{2}{\pi}\int_0^{\pi}(2x+1)\sin nx\,dx$$
$$=-\frac{2}{n\pi}\left[(2x+1)\cdot\cos nx\Big|_0^{\pi}-\int_0^{\pi}\cos nx\,d(2x+1)\right]$$
$$=-\frac{4}{n}\cos n\pi+\frac{2}{n\pi}(1-\cos n\pi)$$
$$=-\left(\frac{4}{n}+\frac{2}{n\pi}\right)\cos n\pi+\frac{2}{n\pi}=\begin{cases}\frac{4}{n}+\frac{4}{n\pi}, & n=1,3,5,\cdots,\\ -\frac{4}{n}, & n=2,4,6,\cdots.\end{cases}$$

函数 $F(x)$的傅里叶级数为

$$\frac{a_0}{2}+\sum_{n=1}^{\infty}(a_n\cos nx+b_n\sin nx)=\sum_{n=1}^{\infty}b_n\sin nx,$$

所以函数 $f(x)$的傅里叶级数为

$$f(x)=\left(4+\frac{4}{\pi}\right)\sin x-\frac{4}{2}\sin 2x+\left(\frac{4}{3}+\frac{4}{3\pi}\right)\sin 3x-\frac{4}{4}\sin 4x+\cdots+$$

$$\left[\frac{4}{2n-1}+\frac{4}{(2n-1)\pi}\right]\sin(2n-1)x-\frac{4}{2n}\sin 2nx+\cdots(0<x<\pi),$$

当 $x=0$, π 时,级数收敛于 $\frac{1}{2}[f(x^-)+f(x^+)]=0$.

课后练习

1. 设 $f(x)$ 是周期为 2 的函数,其在一个周期 $[-1, 1)$ 上的函数关系为

$$f(x)=\begin{cases}1, & -1\leqslant x<0,\\ 2, & 0\leqslant x<1,\end{cases}$$

将函数 $f(x)$ 展开成傅里叶级数.

2. 锯齿波 $f(x)$ 是周期为 2π 的函数,其在一个周期 $[-\pi, \pi)$ 上的函数关系为 $f(x)=x$,将函数 $f(x)$ 展开成傅里叶级数.

3. 将函数 $f(x)=\frac{\pi}{2}-x(0\leqslant x\leqslant\pi)$ 展开成余弦级数.

4. 将函数 $f(x)=x+1(-1\leqslant x<1)$ 展开成傅里叶级数.

复习题

1. 判断题.

(1) 若 $f(x)$ 是周期为 2π 的奇函数,则其傅里叶级数为正弦级数; ( )

(2) 若函数 $f(x)$ 满足条件 $f(x+\pi)=-f(x)$,则该函数在 $(-\pi, \pi)$ 上的傅里叶系数满足 $a_{2k}=0$, $b_{2k}=0$; ( )

(3) $1, \cos x, \sin x, \cos 2x, \sin 2x, \cdots, \cos nx, \sin nx, \cdots$ 不是 $[0, \pi]$ 上的正交系. ( )

2. 选择题.

(1) 函数 $f(x)=|x|$ 在 $[-\pi, \pi]$ 上的傅里叶级数为( );

A. $\frac{\pi}{2}+\sum_{n=1}^{\infty}\frac{2}{n^2\pi}[(-1)^n-1]\cos nx$　　B. $\sum_{n=1}^{\infty}\frac{2}{n^2\pi}[(-1)^n-1]\cos nx$

C. $\frac{\pi}{2}+\sum_{n=1}^{\infty}\frac{2}{n^2\pi}(-1)^n\cos nx$　　D. $\sum_{n=1}^{\infty}\frac{2}{n^2\pi}(-1)^n\cos nx$

(2) 若函数 $f(x)$ 满足条件 $f(x+\pi)=f(x)$，则该函数在 $(-\pi,\ \pi)$ 内的傅里叶系数满足(　　)；

A. $a_2=0$　　B. $b_2=0$　　C. $a_3=0$　　D. $b_4=0$

(3) 若函数 $f(x)$、$g(x)$ 满足 $f(-x)=g(x)$，其中函数 $f(x)$ 傅里叶级数系数为 a_n、b_n，函数 $g(x)$ 的傅里叶系数为 A_n、B_n，则下列结论成立的是(　　).

A. $a_n=-A_n(n=1,\ 2,\ \cdots)$　　B. $a_n=A_n(n=1,\ 2,\ \cdots)$

C. $b_n=\pm B_n(n=1,\ 2,\ \cdots)$　　D. $b_n=B_n(n=1,\ 2,\ \cdots)$

3. 填空题.

(1) 设 $f(x)=\begin{cases}\dfrac{\pi}{4},\ -\pi\leqslant x<0,\\ 0,\ x=0,\\ -\dfrac{\pi}{2},\ 0<x\leqslant\pi,\end{cases}$ 则由收敛定理，$f(x)$ 的傅里叶级数在 $x=-\dfrac{\pi}{2}$ 处收敛于________，在 $x=0$ 处收敛于________，在 $x=\pi$ 处收敛于________；

(2) 函数 $f(x)=|\cos x|$ 的傅里叶级数展开式中的傅里叶系数 $a_0=$________，当 $n=1,\ 2,\ 3,\ \cdots$ 时，$a_n=$________，$b_n=$________.

4. 计算题.

(1) 设 $f(x)$ 是周期为 2π 的函数，其在一个周期 $[-\pi,\ \pi)$ 上的函数关系为 $f(x)=\begin{cases}1-x,\ -\pi\leqslant x<0,\\ 1+x,\ 0\leqslant x<\pi,\end{cases}$ 将函数 $f(x)$ 展开成傅里叶级数；

(2) 设 $f(x)$ 是周期为 2π 的函数，其在一个周期 $[-\pi,\ \pi)$ 上的函数关系为 $f(x)=3x^2+1(-\pi\leqslant x<\pi)$，将函数 $f(x)$ 展开成傅里叶级数；

(3) 设 $f(x)$ 是周期为 6 的函数，其在一个周期 $[-3,\ 3)$ 上的函数关系为 $f(x)=\begin{cases}4x+1,\ -3\leqslant x<0,\\ 1,\ 0\leqslant x<3,\end{cases}$ 将函数 $f(x)$ 展开成傅里叶级数；

(4) 将函数 $f(x)=\dfrac{\pi-x}{2}(0\leqslant x\leqslant\pi)$ 展开成余弦级数；

(5) 将函数 $f(x)=e^{2x}(0\leqslant x\leqslant 1)$ 展开成正弦级数；

(6) 在无线设备中，常用整流器把交流电转换为直流电，设已知电压 $u(t)$ 与时间的关系为 $u(t)=|E\sin t|(E>0)$，试将其展开为傅里叶级数.

知识拓展

数学家的故事
——傅里叶

第十一章

拉普拉斯变换

拉普拉斯变换是为简化计算而建立的实变量函数和复变量函数间的一种函数变换.拉普拉斯变换对于求解线性微分方程尤为有效,它可以把微分方程化为容易求解的代数方程来处理,从而使计算简化;在工程学上,拉普拉斯变换在线性系统上有着广泛的应用.本章先介绍拉普拉斯变换的概念及性质,再介绍其逆变换及简单应用.

第一节 拉普拉斯变换的概念及性质

知识引入

拉普拉斯变换是工程数学中重要且常用的一种积分变换，其在电学、力学等工程技术与科学领域方面都有着广泛的应用.拉普拉斯变换的基本思想就是通过积分运算，将有实参数 $t(t\geqslant 0)$的函数 $f(t)$转换为参数为复数 s 的函数 $F(s)$，并在复数域中进行各种运算，再将运算结果作拉普拉斯逆变换来求得实数域中的相应结果，这样往往比直接在实数域中求出同样的结果在计算上更容易，继而达到简化计算的目的.

知识准备

一、拉普拉斯变换的概念

定义 设函数 $f(t)$是定义于 $t\geqslant 0$ 的实变量函数，若广义积分 $\int_0^{+\infty} f(t)\mathrm{e}^{-st}\mathrm{d}t$ （s 是一个复参数）在 s 的某一区域内收敛，则由此积分所确定的 s 的函数

$$F(s)=\int_0^{+\infty} f(t)\mathrm{e}^{-st}\mathrm{d}t$$

称为函数 $f(t)$的**拉普拉斯(Laplace)变换**，简称**拉氏变换**.记作 $L[f(t)]$，即

$$L[f(t)]=F(s)=\int_0^{+\infty} f(t)\mathrm{e}^{-st}\mathrm{d}t,$$

称 $F(s)$为 $f(t)$的拉普拉斯变换的**像函数**，$f(t)$称为 $F(s)$的**原像函数**.

关于函数的拉普拉斯变换的存在性，有如下定理.

定理 1 如函数 $f(t)$满足下列条件：

(1) 在 $t\geqslant 0$ 的任一有限区间上分段连续，在 $t<0$ 时，$f(t)=0$；

(2) 当 $t\to+\infty$时，$f(t)$的增长速度不超过某一指数型函数，即存在常数 $M>0$ 及 $c\geqslant 0$，使得

$$|f(t)|\leqslant M\mathrm{e}^{ct}(0\leqslant t<+\infty).$$

则函数 $f(t)$的拉普拉斯变换存在.

【注】 并非所有函数都存在拉普拉斯变换，但在自然科学和工程技术中经常遇到的函数，总能满足拉普拉斯变换存在的条件，故本章略去拉普拉斯变换的存在性的讨论.

掌握拉普拉斯变换，必须熟悉以下几个常用函数的拉普拉斯变换.

(1) 单位脉冲函数 $\delta(t)$

称满足条件

$$\delta(t)=\begin{cases}0, & t\neq 0,\\ +\infty, & t=0,\end{cases} \text{且}\int_{-\infty}^{+\infty}\delta(t)\mathrm{d}t=1$$

的函数为**单位脉冲函数**，记为 $\delta(t)$.在工程中，常用一个长度为 1 的有向线段表示单位脉冲函数，该线段的长度表示它的积分值，称为单位脉冲函数的脉冲强度.$\delta(t)$是广义函数，它可以用普通函数序列的极限来定义，如

$$\delta_\varepsilon(t)=\begin{cases}0, & t<0,\\ \dfrac{1}{\varepsilon}, & 0\leqslant t\leqslant\varepsilon,\\ +\infty, & t>\varepsilon,\end{cases}\quad \delta(t)=\lim_{\varepsilon\to 0}\delta_\varepsilon(t).$$

$\delta(t)$的拉普拉斯变换为

$$L[\delta(t)]=\int_0^{+\infty}\delta(t)\mathrm{e}^{-st}\mathrm{d}t=\lim_{\varepsilon\to 0}\int_0^{+\infty}\delta_\varepsilon(t)\mathrm{e}^{-st}\mathrm{d}t=\lim_{\varepsilon\to 0}\int_0^{\varepsilon}\frac{1}{\varepsilon}\mathrm{e}^{-st}\mathrm{d}t=1.$$

(2) 单位阶梯函数 $u(t)$

称满足条件

$$u(t)=\begin{cases}0, & t<0,\\ 1, & t\geqslant 0\end{cases}$$

的函数为**单位阶梯函数**，记为 $u(t)$.

$u(t)$的拉普拉斯变换为

$$L[u(t)]=\int_0^{+\infty}u(t)\mathrm{e}^{-st}\mathrm{d}t=\int_0^{+\infty}\mathrm{e}^{-st}\mathrm{d}t=\frac{1}{s}.$$

(3) 单位斜坡函数 $\gamma(t)$

称满足条件

$$\gamma(t)=\begin{cases}0, & t<0,\\ t, & t\geqslant 0\end{cases}$$

的函数为**单位斜坡函数**，记为 $\gamma(t)$.

$\gamma(t)$的拉普拉斯变换为

$$\begin{aligned}L[\gamma(t)]&=\int_0^{+\infty}\gamma(t)\mathrm{e}^{-st}\mathrm{d}t=\int_0^{+\infty}t\mathrm{e}^{-st}\mathrm{d}t\\&=-\frac{1}{\varepsilon}\int_0^{+\infty}t\mathrm{d}\mathrm{e}^{-st}=-\frac{1}{\varepsilon}\left(t\mathrm{e}^{-st}\Big|_0^{+\infty}-\int_0^{+\infty}\mathrm{e}^{-st}\mathrm{d}t\right)=\frac{1}{s^2}.\end{aligned}$$

(4) 幂函数 $t^n(n=1, 2, 3, \cdots)$及指数型函数 $e^{at}(a\in\mathbf{R})$

幂函数 $t^n(n=1, 2, 3, \cdots)$的拉普拉斯变换为

$$L[t^n]=\int_0^{+\infty} t^n e^{-st}dt=\frac{n!}{s^{n+1}}.$$

指数型函数 $e^{at}(a\in\mathbf{R})$的拉普拉斯变换为

$$L[e^{at}]=\int_0^{+\infty} e^{at}e^{-st}dt=\frac{1}{s-a}.$$

(5) 正弦型函数 $\sin\omega t$ 及余弦型函数 $\cos\omega t$

正弦型函数 $\sin\omega t$ 的拉普拉斯变换为

$$L[\sin\omega t]=\int_0^{+\infty}\sin\omega t\, e^{-st}dt=\frac{\omega}{s^2+\omega^2}.$$

余弦型函数 $\cos\omega t$ 的拉普拉斯变换为

$$L[\cos\omega t]=\int_0^{+\infty}\cos\omega t\, e^{-st}dt=\frac{s}{s^2+\omega^2}.$$

二、拉普拉斯变换的性质

拉普拉斯变换的性质在函数拉普拉斯变换计算中具有重要作用,拉普拉斯变换有如下常用性质.

性质 1(线性性质) 若 $L[f_1(t)]=F_1(s)$, $L[f_2(t)]=F_2(s)$, a、b 为常数,则有

$$L[af_1(t)+bf_2(t)]=aL[f_1(t)]+bL[f_2(t)]=aF_1(s)+bF_2(s).$$

性质 2(微分性质) 若 $L[f(t)]=F(s)$,则 $L\left[\frac{d}{dt}f(t)\right]=sF(s)-F(0)$.

推论 若 $L[f(t)]=F(s)$,则

$$L\left[\frac{d^n f(t)}{dt^n}\right]=s^nF(s)-s^{n-1}f(0)-s^{n-2}f'(0)-\cdots-f^{(n-1)}(0),$$

特别地,当 $f(0)=f'(0)=\cdots=f^{(n-1)}(0)=0$ 时,有

$$L[f'(t)]=sF(s),\ L[f''(t)]=s^2F(s),\ \cdots,\ L[f^{(n)}(t)]=s^nF(s).$$

对于像函数,则有

$$F^{(n)}(s)=L[(-t)^nf(t)]\text{或}\ L[t^nf(t)]=(-1)^nF^{(n)}(s).$$

性质 3(积分性质) 若 $L[f(t)]=F(s)$,则

$$L\left[\int_0^t f(\tau)\mathrm{d}\tau\right]=\frac{1}{s}F(s).$$

【注】 利用微分性质和积分性质,可将函数 $f(t)$ 的微积分运算转化为像函数 $F(s)$ 的代数运算,从而简化求解过程.

性质 4(位移性质) 若 $L[f(t)]=F(s)$,则

$$L[\mathrm{e}^{at}f(t)]=F(s-a) \quad (a\in\mathbf{R}).$$

性质 5(滞后性质) 若 $L[f(t)]=F(s)$,则

$$L[f(t-a)]=\mathrm{e}^{-as}F(s) \quad (a\geqslant 0).$$

性质 6(时间尺度性质) 若 $L[f(t)]=F(s)$,则

$$L[f(at)]=\frac{1}{a}F\left(\frac{s}{a}\right) \quad (a>0).$$

关于像函数 $F(s)$ 与原像函数 $f(t)$ 之间的关系,还有如下定理.

定理 2(初值定理) 若 $L[f(t)]=F(s)$,且 $\lim\limits_{s\to\infty}F(s)$ 存在,则 $f(0)=\lim\limits_{s\to\infty}sF(s)$.

【注】 初值定理建立了原像函数 $f(t)$ 在坐标原点的值与函数 $sF(s)$ 在无限远点的值之间的关系.

定理 3(终值定理) 若 $L[f(t)]=F(s)$,且 $\lim\limits_{t\to+\infty}f(t)$ 存在,则 $f(+\infty)=\lim\limits_{s\to 0}sF(s)$.

【注】 终值定理建立了原像函数 $f(t)$ 在无限远点的值与函数 $sF(s)$ 在坐标原点的值之间的关系.

定理 4(卷积定理) 已知函数 $f_1(t)$、$f_2(t)$,则积分 $\int_0^t f_1(\tau)f_2(t-\tau)\mathrm{d}\tau$ 称为函数 $f_1(t)$、$f_2(t)$ 的**卷积**,记为 $f_1(t)*f_2(t)$,即

$$f_1(t)*f_2(t)=\int_0^t f_1(\tau)f_2(t-\tau)\mathrm{d}\tau.$$

若 $L[f_1(t)]=F_1(s)$, $L[f_2(t)]=F_2(s)$,则

$$L[f_1(t)*f_2(t)]=L[f_1(t)]\cdot L[f_2(t)]=F_1(s)\cdot F_2(s).$$

三、拉普拉斯变换表

借助拉普拉斯变换的定义及性质,可得到常用函数的拉普拉斯变换表(表 11-1),以备查用.

表 11-1

序号	$f(t)$	$F(s)$
1	$\delta(t)$	1
2	$u(t)$	$\frac{1}{s}$
3	$t^n(n=1,2,3,\cdots)$	$\frac{n!}{s^{n+1}}$
4	e^{at}	$\frac{1}{s-a}$
5	$t^n e^{at}$	$\frac{n!}{(s-a)^{n+1}}$
6	$\sin\omega t$	$\frac{\omega}{s^2+\omega^2}$
7	$\cos\omega t$	$\frac{s}{s^2+\omega^2}$
8	$\sin(\omega t+\varphi)$	$\frac{s\sin\varphi+\omega\cos\varphi}{s^2+\omega^2}$
9	$\cos(\omega t+\varphi)$	$\frac{s\cos\varphi-\omega\sin\varphi}{s^2+\omega^2}$
10	$t\sin\omega t$	$\frac{2\omega s}{(s^2+\omega^2)^2}$
11	$t\cos\omega t$	$\frac{s^2-\omega^2}{(s^2+\omega^2)^2}$
12	$e^{-at}\sin\omega t$	$\frac{\omega}{(s+a)^2+\omega^2}$
13	$e^{-at}\cos\omega t$	$\frac{s+a}{(s+a)^2+\omega^2}$
14	$\sin at\cos bt$	$\frac{2abs}{[s^2+(a+b)^2][s^2+(a-b)^2]}$
15	$e^{at}-e^{bt}$	$\frac{a-b}{(s-a)(s-b)}$

知识巩固

例 1 求函数 $f(t)=\begin{cases}t, & 0\leqslant t\leqslant 1,\\ 0, & t>1\end{cases}$ 的拉普拉斯变换.

解　由拉普拉斯变换的定义可得

$$L[f(t)]=\int_0^{+\infty} f(t)e^{-st}dt=\int_0^1 te^{-st}dt=-\frac{1}{s}\int_0^1 t\,de^{-st}$$

$$=-\frac{1}{s}\left(te^{-st}\big|_0^1-\int_0^1 e^{-st}dt\right)=\frac{1}{s^2}[1-(1+s)e^{-s}].$$

例 2　利用线性性质求下列函数的拉普拉斯变换.

(1) $f(t)=\sin t\cos t$;　　　(2) $f(t)=\delta(t)+2e^{3t}-\cos 2t+1$.

解　(1) 因为 $L[\sin\omega x]=\dfrac{\omega}{s^2+\omega^2}$,所以

$$L[\sin t\cos t]=L\left[\frac{1}{2}\sin 2t\right]=\frac{1}{2}L[\sin 2t]=\frac{1}{2}\cdot\frac{2}{s^2+4}=\frac{1}{s^2+4};$$

(2) 因为 $L[\delta(t)]=1$, $L[e^{at}]=\dfrac{1}{s-a}$, $L[\cos\omega t]=\dfrac{s}{s^2+\omega^2}$, $L[1]=\dfrac{1}{s}$,所以

$$L[\delta(t)+2e^{3t}-\cos 2t+1]=L[\delta(t)]+2L[e^{3t}]-L[\cos 2t]+L[1]$$

$$=1+2\cdot\frac{1}{s-3}-\frac{s}{s^2+4}+\frac{1}{s}=1+\frac{2}{s-3}-\frac{s}{s^2+4}+\frac{1}{s}.$$

例 3　利用积分性质及位移性质求 $L\left[\int_0^t e^{5\tau}\sin 3\tau\,d\tau\right]$.

解　设 $f(t)=\sin 3t$,则 $L[f(t)]=F(s)=\dfrac{3}{s^2+9}$,由位移性质,则有

$$L[e^{5t}\sin 3t]=L[e^{5t}f(t)]=F(s-5)=\frac{3}{(s-5)^2+9},$$

再利用积分性质,可得

$$L\left[\int_0^t e^{5\tau}\sin\tau\,d\tau\right]=\frac{1}{s}L[e^{5t}\sin t]=\frac{1}{s}\cdot\frac{3}{(s-5)^2+9}.$$

例 4　利用微分性质求 $L[t^2\sin t]$.

解　由微分性质及 $L[\sin t]=F(s)=\dfrac{1}{s^2+1}$,可得

$$L[t^2\sin t]=(-1)^2F''(s)=\frac{6s^2-2}{(s^2+1)^3}.$$

课后练习

1. 求下列函数的拉普拉斯变换.

(1) $f(t)=5+2t-t^2$;　　(2) $f(t)=t\sin 2t+\cos 3t$;

(3) $f(t)=2\cos^2 t-e^{5t}$;　　(4) $f(t)=t^2e^{-2t}-e^{-t}\sin t$.

2. 设函数 $f(t)=\begin{cases}3, & 0\leqslant t<2,\\ -1, & 2\leqslant t<4,\\ 0, & t\geqslant 4,\end{cases}$ 求 $L[f(t)]$.

3. 利用滞后性质求函数 $u(t-a)=\begin{cases}0, & t<a,\\ 1, & t\geqslant a\end{cases}$ $(a>0)$的拉普拉斯变换.

4. 已知 $L[f(t)]=F(s)$ 且 $F(s)=\dfrac{1}{s+a}$,求 $f(0)$ 及 $f(+\infty)$.

5. 由微分性质验证公式 $L[t^n e^{at}]=\dfrac{n!}{(s-a)^{n+1}}(n\in\mathbf{Z}^+,\ a\in\mathbf{R})$.

第二节　拉普拉斯变换的逆变换

知识引入

函数的拉普拉斯变换即是已知原像函数 $f(t)$ 求像函数 $F(s)$,在实际问题中常会遇到与此相反的问题:已知像函数 $F(s)$ 求原像函数 $f(t)$,即拉普拉斯变换的逆变换问题.基于函数的拉普拉斯变换的内容,拉普拉斯逆变换如何计算,又会具有哪些性质?

在工程实践中,许多问题所建立的数学模型多是常系数线性微分方程,而常系数线性微分方程又常借助拉普拉斯变换及其逆变换简便求解.线性系统中的传递函数的计算也常利用微分方程的拉普拉斯变换进行计算.

知识准备

一、拉普拉斯逆变换的概念及性质

定义 1　若函数 $F(s)$ 是函数 $f(t)$ 的拉普拉斯变换,即

$$L[f(t)]=F(s)=\int_0^{+\infty} f(t)e^{-st}\,dt,$$

则称原像函数 $f(t)$ 是像函数 $F(s)$ 的**拉普拉斯逆变换**,记作 $L^{-1}[F(s)]$,即

$$F(s)=L^{-1}[f(t)].$$

对于拉普拉斯逆变换的计算，常通过查常用函数的拉普拉斯变换表(表 11-1)求得.

例如，计算像函数 $F(s)=\dfrac{1}{s+5}$ 的拉普拉斯逆变换 $L^{-1}[F(s)]$，由表 11-1 中的公式 4 可知 $L(e^{at})=\dfrac{1}{s-a}$，因此 $L^{-1}\left(\dfrac{1}{s-a}\right)=e^{at}$，所以

$$L^{-1}[F(s)]=L^{-1}\left[\frac{1}{s-(-5)}\right]=e^{-5t}.$$

根据拉普拉斯变换的性质，易得拉普拉斯逆变换具有下列常见性质.

性质 1(线性性质)　若 $L^{-1}[F_1(s)]=f_1(t)$，$L^{-1}[F_2(s)]=f_2(t)$，a、b 为常数，则有

$$L^{-1}[aF_1(s)+bF_2(s)]=aL^{-1}[F_1(s)]+bL^{-1}[F_2(s)]=af_1(t)+bf_2(t).$$

性质 2(位移性质)　若 $L^{-1}[F(s)]=f(t)$，则

$$L^{-1}[F(s-a)]=e^{at}L^{-1}[F(s)]=e^{at}f(t)\quad(a\in\mathbf{R}).$$

性质 3(滞后性质)　若 $L^{-1}[F(s)]=f(t)$，则

$$L^{-1}[e^{-as}F(s)]=f(t-a)u(t-a)\quad(a\geqslant 0).$$

性质 4(微分性质)　若 $L^{-1}[F(s)]=f(t)$，则

$$L^{-1}[F'(s)]=-tf(t),\ \cdots,\ L^{-1}[F^{(n)}(s)]=(-t)^n f(t).$$

性质 5(积分性质)　若 $L^{-1}[F(s)]=f(t)$，则

$$L^{-1}\left[\int_s^{+\infty}F(\tau)\mathrm{d}\tau\right]=\frac{f(t)}{t}.$$

例如，计算像函数 $F(s)=\dfrac{6s+7}{s^2}$ 的拉普拉斯逆变换 $L^{-1}[F(s)]$，由线性性质，则有 $L^{-1}[F(s)]=L^{-1}\left(\dfrac{6s+7}{s^2}\right)\quad 6L^{-1}\left(\dfrac{1}{s}\right)+7L^{-1}\left(\dfrac{1}{s^2}\right)$，由表 11-1 中的公式 2 及公式 3，可得 $L^{-1}\left(\dfrac{1}{s}\right)=1$，$L^{-1}\left(\dfrac{1}{s^2}\right)=t$，所以

$$L^{-1}[F(s)]=6+7t.$$

二、拉普拉斯变换的简单应用

1. 求解常系数线性微分方程

应用拉普拉斯变换可以较简便地求解常系数线性微分方程，其一般步骤如下.

(1) 对原像函数的微分方程两端同时取拉普拉斯变换，结合拉普拉斯变换的微分性

质及线性性质，将原微分方程化为像函数的代数方程；

(2) 求解像函数的代数方程，得出像函数；

(3) 对所求像函数做拉普拉斯逆变换，求出原微分方程的解.

此解法的示意图如图 11-1 所示.

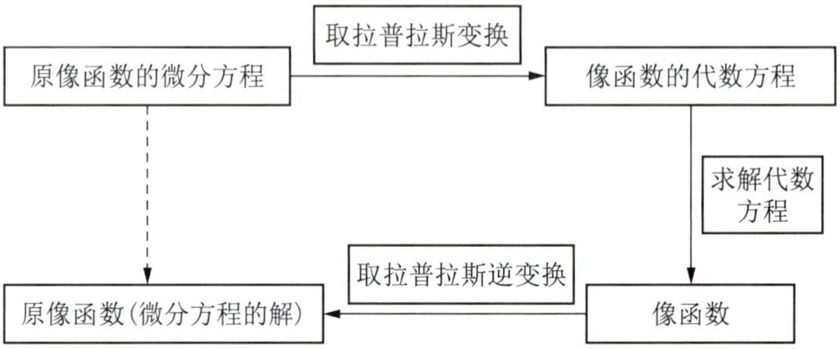

图 11-1

例如，若求解满足初值条件的微分方程$\begin{cases} x'(t)+2x(t)=0, \\ x(0)=3, \end{cases}$令 $L[x(t)]=X(s)$，对微分方程两端同时取拉普拉斯变换，可得 $L[x'(t)+2x(t)]=L(0)$，由拉普拉斯变换的微分性质及线性性质，则有

$$L[x'(t)+2x(t)]=L[x'(t)]+2L[x(t)]=sX(s)-x(0)+2X(s)=0,$$

将初值条件 $x(0)=3$ 代入上式，得到像函数的代数方程 $sX(s)-3+2X(s)=0$，解得

$$X(s)=\frac{3}{s+2}.$$

再对像函数取拉普拉斯逆变换，结合拉普拉斯逆变换性质，则有

$$x(t)=L^{-1}[X(s)]=L^{-1}\left(\frac{3}{s+2}\right)=3L^{-1}\left(\frac{1}{s+2}\right)=3e^{-2t},$$

即微分方程的解为 $x(t)=3e^{-2t}$.

2. 线性系统的传递函数

在工程实际问题中，常把对一个系统输入一个作用，称为**激励**，而把系统经作用后产生的结果称为**响应**，如果一个系统的激励与响应所构成的数学模型经拉普拉斯变换后成线性关系，则称该系统为**线性系统**.在绝大多数情况下，线性系统常可以用一个线性微分方程表示.

设有一个线性系统，它的激励与响应分别为 $x(t)$、$y(t)$，根据线性系统的定义 $x(t)$、$y(t)$经过拉普拉斯变换后成线性关系，则有 $x(t)$、$y(t)$的像函数方程

$$Y(s)=G(s)X(s)+B(s),$$

其中 $Y(s)=L[y(t)]$, $X(s)=L[x(t)]$, $B(s)$由初始条件决定.

当初始条件全为零时,即 $B(s)=0$,称 $G(s)$为系统的**传递函数**,此时

$$G(s)=\frac{Y(s)}{X(s)}.$$

传递函数与初始条件无关,表达了系统的特性.

例如,若线性系统可以用 $y''+a_1y'+a_0y=f(t)$描述,其中 a_0、a_1 为常数,$f(t)$为激励,$y(t)$为响应,令 $Y(s)=L[y(t)]$、$F(s)=L[f(t)]$,对微分方程两端同时取拉普拉斯变换,可得

$$\begin{aligned}L[y''+a_1y'+a_0y]&=s^2Y(s)-sy(0)-y'(0)+a_1[sY(s)-y(0)]+a_0Y(s)\\&=L[f(t)]=F(s),\end{aligned}$$

即

$$(s^2+a_1s+a_0)Y(s)=F(s)+(s+a_1)y(0)+y'(0),$$

当初始条件全为零时,即 $y(0)=y'(0)=0$,则有$(s^2+a_1s+a_0)Y(s)=F(s)$,可得传递函数

$$G(s)=\frac{Y(s)}{X(s)}=\frac{1}{s^2+a_1s+a_0}.$$

知识巩固

例 1 利用拉普拉斯逆变换的线性性质求解下列函数的拉普拉斯逆变换.

(1) $F(s)=\frac{2}{s-4}+\frac{5}{s^2+4}$; (2) $F(s)=\frac{3s+1}{s^2+2s+2}$.

解 (1) 因为 $L^{-1}\left(\frac{1}{s-a}\right)=e^{at}$, $L^{-1}\left(\frac{\omega}{s^2+\omega^2}\right)=\sin\omega x$,所以

$$L^{-1}[F(s)]=L^{-1}\left(\frac{2}{s-4}+\frac{5}{s^2+4}\right)=2L^{-1}\left(\frac{1}{s-4}\right)+\frac{5}{2}\cdot L^{-1}\left(\frac{2}{s^2+2^2}\right)=2e^{4t}+\frac{5}{2}\sin 2t;$$

(2) 整理 $F(s)$可得

$$F(s)=\frac{3s+1}{s^2+2s+2}=\frac{3(s+1)-2}{(s+1)^2+1}=3\cdot\frac{s+1}{(s+1)^2+1}-2\cdot\frac{1}{(s+1)^2+1},$$

因为 $L^{-1}\left[\frac{\omega}{(s+a)^2+\omega^2}\right]=e^{-at}\sin\omega t$, $L^{-1}\left[\frac{s+a}{(s+a)^2+\omega^2}\right]=e^{-at}\cos\omega t$,所以

$$L^{-1}[F(s)]=3L^{-1}\left[\frac{s+1}{(s+1)^2+1}\right]-2L^{-1}\left[\frac{1}{(s+1)^2+1}\right]=3e^{-t}\cos t-2e^{-t}\sin t.$$

例 2 利用拉普拉斯逆变换的位移性质及滞后性质求解下列函数的拉普拉斯逆变换.

(1) $F(s)=\dfrac{1}{(s-6)^4}$； (2) $F(s)=\dfrac{2e^{-3s}}{s^2+1}$.

解 (1) 由拉普拉斯逆变换的位移性质,因为 $L^{-1}\left(\dfrac{n!}{s^{n+1}}\right)=t^n$,所以

$$L^{-1}[F(s)]=L^{-1}\left[\frac{1}{(s-6)^4}\right]=e^{6t}L^{-1}\left(\frac{1}{s^4}\right)=\frac{e^{6t}}{6}L^{-1}\left(\frac{3!}{s^4}\right)=\frac{e^{6t}}{6}\cdot t^3=\frac{1}{6}t^3e^{6t};$$

(2) 由拉普拉斯逆变换的滞后性质,因为 $L^{-1}\left(\dfrac{\omega}{s^2+\omega^2}\right)=\sin\omega t$,所以

$$L^{-1}[F(s)]=2L^{-1}\left[e^{-3s}\cdot\frac{1}{s^2+1}\right]=2\sin(t-3).$$

例 3 求解微分方程 $y''+y=1$, $y(0)=y'(0)=0$.

解 令 $L[y(t)]=Y(s)$,对微分方程两端同时取拉普拉斯变换,可得

$$L(y''+y)=L(y'')+L(y)=s^2Y(s)-sy(0)-y'(0)+Y(s)=L(1)=\frac{1}{s},$$

代入初值条件 $y(0)=y'(0)=0$,得到像函数的代数方程为$(s^2+1)Y(s)=\dfrac{1}{s}$,解得

$$Y(s)=\frac{1}{s(s^2+1)}=\frac{1}{s}-\frac{s}{s^2+1}.$$

再对像函数做拉普拉斯逆变换,可得

$$y(t)=L^{-1}[Y(s)]=L^{-1}\left(\frac{1}{s}-\frac{s}{s^2+1}\right)=L^{-1}\left(\frac{1}{s}\right)-L^{-1}\left(\frac{s}{s^2+1}\right)=1-\cos t.$$

例 4 求微分方程组$\begin{cases}x''-2y'-x=0,\\x'-y=0\end{cases}$满足初始条件 $x(0)=0$、$x'(0)=1$、$y(0)=1$ 的特解.

解 令 $L[x(t)]=X(s)$、$L[y(t)]=Y(s)$,对方程组两端同时取拉普拉斯变换,可得

$$\begin{cases}L(x''-2y'-x)=s^2X(s)-sx(0)-x'(0)-2[sY(s)-y(0)]-X(s)=0,\\sX(s)-x(0)-Y(s)=0,\end{cases}$$

代入初值条件 $x(0)=0$, $x'(0)=1$, $y(0)=1$,得到像函数的代数方程组为

$$\begin{cases}(s^2-1)X(s)-2sY(s)+1=0,\\sX(s)-Y(s)=0,\end{cases}$$

解得

$$\begin{cases} X(s)=\dfrac{1}{s^2+1}, \\ Y(s)=\dfrac{s}{s^2+1}, \end{cases}$$

取拉普拉斯逆变换,可得微分方程组的特解为

$$\begin{cases} x(t)=\sin t, \\ y(t)=\cos t. \end{cases}$$

例 5 求 RC 串联闭合电路 $RC\dfrac{\mathrm{d}u_c(t)}{\mathrm{d}t}+u_c(t)=f(t)$ 的传递函数.

解 在该线性系统中,$f(t)$ 为激励,$u_c(t)$ 为响应,令 $U_c(s)=L[u_c(t)]$, $F(s)=L[f(t)]$,对微分方程两端同时取拉普拉斯变换,可得

$$\begin{aligned} L\left[RC\frac{\mathrm{d}u_c(t)}{\mathrm{d}t}+u_c(t)\right]&=RCL\left[\frac{\mathrm{d}u_c(t)}{\mathrm{d}t}\right]+L[u_c(t)] \\ &=RC[sU_c(s)-u_c(0)]+U_c(s) \\ &=(RCs+1)U_c(s)-RCu_c(0)=L[f(t)]=F(s), \end{aligned}$$

令初始条件 $u_c(0)=0$,则有 $(RCs+1)U_c(s)=F(s)$,可得传递函数

$$G(s)=\frac{1}{RCs+1}=\frac{1}{RC\left(s+\dfrac{1}{RC}\right)}.$$

课后练习

1. 求下列函数的拉普拉斯逆变换.

(1) $F(s)=\dfrac{1}{s^5}$;

(2) $F(s)=\dfrac{5}{s-9}+2$;

(3) $F(s)=\dfrac{s+3}{s^2+2s+5}$;

(4) $F(s)=\dfrac{2s-1}{s^2+16}$;

(5) $F(s)=\dfrac{2}{(s-3)^5}$;

(6) $F(s)=\dfrac{\mathrm{e}^{-2s}s}{s^2+4}$.

2. 求解微分方程 $\begin{cases} y''-3y'+2y=2\mathrm{e}^{3t}, \\ y'(0)=y(0)=0. \end{cases}$

3. 求解微分方程 $\begin{cases} y''-3y'+2y=4, \\ y(0)=1,\ y'(0)=1. \end{cases}$

4. 求解微分方程组$\begin{cases}x'+x-y=e^t,\\ y'+3x-2y=2e^t\end{cases}$满足初始条件$\begin{cases}x(0)=1\\ y(0)=1\end{cases}$的特解.

复　习　题

1. 判断题.

(1) 若 $L[f_1(t)]=F_1(s)$, $L[f_2(t)]=F_2(s)$,则 $L[f_1(t)\cdot f_2(t)]=F_1(s)\cdot F_2(s)$;　　(　　)

(2) $L(\sin t)=\dfrac{1}{s}L(\cos t)$;　　(　　)

(3) 拉普拉斯变换 $L[f(t)]=F(s)=\int_0^{+\infty} f(t)e^{-st}dt$ 中的函数 $f(t)$的自变量的范围须为$(0, +\infty)$;　　(　　)

(4) 若 $L^{-1}[F(s)]=f(t)$,则 $L^{-1}\left[\int_s^{+\infty} F(\tau)d\tau\right]=\dfrac{f(t)}{t}$.　　(　　)

2. 选择题.

(1) 函数 $f(t)$的拉普拉斯变换 $F(s)=\int_0^{+\infty} f(t)e^{-st}dt$ 中的参数 s 是(　　);

A. 实变数　　B. 虚变数　　C. 复变数　　D. 有理数

(2) 若 $L[f(t)]=F(s)$,当 $a>0$ 时,则 $L[f(at)]=$(　　);

A. $\dfrac{1}{a}F\left(\dfrac{s}{a}\right)$　　B. $aF\left(\dfrac{s}{a}\right)$　　C. $\dfrac{1}{a}F(as)$　　D. $aF(as)$

(3) 若 $L[f(t)]=F(s)$,且 $f(0)=f'(0)=0$ 时,则 $L[f''(t)]=$(　　);

A. $sF(s)$　　B. $sF'(s)$　　C. $s^2F(s)$　　D. $F'(s)$

(4) 下列计算正确的是(　　);

A. $L(1)=\dfrac{1}{s}$　　B. $L^{-1}[\delta(t)]=1$　　C. $L^{-1}\left(\dfrac{1}{s+1}\right)=e^t$　　D. $L(t^2)=\dfrac{1}{s^3}$

(5) 若 $L^{-1}[F(s)]=f(t)$,当 $a\in\mathbf{R}$ 时,则 $L^{-1}[F(s-a)]=$(　　);

A. $e^{-at}f(t)$　　B. $e^{at}f(t)$　　C. $-af(t)$　　D. $af(t)$

(6) 若 $L^{-1}[F(s)]=f(t)$,则 $L^{-1}[F'''(s)]=$(　　).

A. $t^3f(t)$　　B. $t^2f(t)$　　C. $-t^2f(t)$　　D. $-t^3f(t)$

3. 填空题.

(1) 已知 $f(t)=\int_0^t \sin k\tau\, d\tau$, k 为实数,则 $L[f(t)]=$________;

(2) 一个线性系统受 $x=\sin t$ 的激励,得到 $y=t\cos t$ 的响应,则该系统的传递函数 $G(s)=$ ________;

(3) 函数 $F(s)=\dfrac{6}{(s-2)(s-5)}$的拉普拉斯逆变换 $L^{-1}[F(s)]=$ ________;

(4) 若 $L[f(t)]=F(s)$,则 $L[t^2f(t)]=$ ________.

4. 计算题.

(1) 求下列函数的拉普拉斯变换.

① $f(t)=2+t-3e^{-t}$;　② $f(t)=2\delta(t)-t\cos t$;

③ $f(t)=(t-1)^2e^t$;　④ $f(t)=u(3t-4)$;

⑤ $f(t)=\begin{cases}\cos t, & 0\leqslant t<\pi,\\ t, & t\geqslant\pi;\end{cases}$　⑥ $f(t)=t^2\sin kt$.

(2) 求下列函数的拉普拉斯逆变换.

① $F(s)=\dfrac{1}{s(s+1)}$;　② $F(s)=\dfrac{2}{(s-5)^3}$;

③ $F(s)=\dfrac{4s}{s^2+16}$;　④ $F(s)=\dfrac{s}{(s-1)(s-5)}$;

⑤ $F(s)=\dfrac{4}{s^2+4s+7}$;　⑥ $F(s)=\dfrac{e^{-s}s}{s^2+4}$.

(3) 解下列微分方程的解.

① $\begin{cases}y''+4y'+3y=e^{-t},\\ y'(0)=y(0)=1;\end{cases}$　② $\begin{cases}y''+16y=32t,\\ y(0)=3,\ y'(0)=-2;\end{cases}$

③ $\begin{cases}y''-y=4\sin t+5\cos 2t,\\ y(0)=-1,\ y'(0)=-2.\end{cases}$

(4) 求微分方程组$\begin{cases}y''+x'=e^t,\\ x''+2y'+x=t\end{cases}$满足初始条件$\begin{cases}x(0)=x'(0)=0,\\ y(0)=y'(0)=0\end{cases}$的特解.

拓展阅读

数学家的故事

——拉普拉斯

第十二章

级数与拉普拉斯变换应用案例

工程应用、信号系统处理的过程中，需要大量借助无穷级数、傅里叶变换、拉普拉斯变换来解决专业问题.而面对复杂的运算时，就需要借助软件的运行快速得出结果.下面将介绍利用数学软件 MATLAB 计算无穷级数与拉普拉斯变换.

第一节　利用 MATLAB 计算无穷级数

知识准备

一、利用 symsum 命令计算级数

调用格式:symsum(function, var, a, b).

参数解释:

function——通项;

var——求和变量,若通项只有一个变量,可省略;

a——求和起点;b——求和终点,若是无穷级数,则为 inf.

知识巩固

例 1　利用 MATLAB 计算 $S=\sum_{n=1}^{\infty}\frac{1}{n(n+1)}$.

代码如下:

```
syms n;
f = 1/(n * (n + 1));
S = symsum(f, n, 1, inf)
```

输出结果如下:

```
S =

    1
```

例 2　利用 MATLAB 计算 $S=\sum_{n=1}^{\infty}x^{n}$.

代码如下:

```
syms n x;
f = x ^ n;
S = symsum(f, n, 1, inf)        % 此处必须注明变量
```

输出结果如下:

```
S =
    piecewise([1 <= x, Inf], [abs(x) < 1, - 1/(x - 1) - 1]).
```

即

$$S=\begin{cases}-\dfrac{1}{x-1}-1, & |x|<1,\\ \infty, & |x|\geqslant 1.\end{cases}$$

练习:利用 MATLAB 计算 $S=\sum_{n=0}^{\infty}2^n$.

二、利用 MATLAB 进行函数级数展开

知识准备

1. 泰勒展开

调用格式:taylorf = taylor(f, n, x, x_0).

参数解释:

f——需展开函数;

n——结果为 n−1 阶级数,缺省则默认为 6;

x——自变量,可缺省;

x_0——在点 x_0 附近展开,缺省则默认为 0.

知识巩固

例 3 利用 MATLAB 得出函数 $y=\sin x$ 的 5 阶麦克劳林级数展开结果.

代码如下:

```
syms x;
f = sym(sin(x));
taylorf = taylor(f)
```

输出结果如下:

```
taylorf =
   x^5/120 - x^3/6 + x
```

即得 5 阶麦克劳林级数展开结果为

$$\sin x=\frac{x^5}{120}-\frac{x^3}{6}+x+o(x^5).$$

例 4 利用 MATLAB 得出函数 $y=\cos x$ 在点 $x=1$ 处的 5 阶泰勒展开结果.

代码如下：

```
syms x;
f = cos(x);
taylorf = taylor(f, x, 1)
```

输出结果如下：

```
taylorf =
cos(1) + (sin(1)*(x - 1)^3)/6 - (sin(1)*(x - 1)^5)/120 - sin(1)*(x -
1) - (cos(1)*(x - 1)^2)/2 + (cos(1)*(x - 1)^4)/24
```

即得 5 阶泰勒展开结果为

$$\cos x=\cos 1+\frac{\sin 1}{6}\cdot(x-1)^3-\sin 1\cdot(x-1)-\frac{\cos 1}{2}\cdot(x-1)^2+\frac{\cos 1}{4}\cdot(x-1)^4+o(x^5).$$

例 5 利用 MATLAB 得出函数 $y=\sin x$ 的 8 阶麦克劳林级数展开结果.

代码如下：

```
syms x;
f = sin(x);
taylorf = taylor(f, 'order', 9)
```

运行结果：

```
taylorf =
- x^7/5040 + x^5/120 - x^3/6 + x
```

即得 8 阶麦克劳林级数展开结果为

$$\sin x=-\frac{x^7}{5\,040}+\frac{x^5}{120}-\frac{x^3}{6}+x+o(x^8).$$

练习：参考例题，利用 MATLAB 得出函数 $y=\cos x$ 在点 $x=\pi$ 处的 10 阶泰勒展开结果.

知识准备

2. 傅里叶级数

在信号与系统的研究中，常常会遇到周期信号，这些周期信号往往可以利用傅里叶的三角级数形式或指数级数形式表示.研究过程中需要观察其图像、对其进行分解与合成、研究其频谱.下面将整理信号与系统背景下的傅里叶级数的概念，并学习相关的 MATLAB 命令.

(1) 傅里叶级数的概念

$f(t)$是定义在$(-\infty, +\infty)$内，每隔一定周期 T 按相同规律重复变化的信号函数，其满足迪利克雷条件时，傅里叶级数展开可有下列两种形式.

三角级数展开：

$$f(t)=a_0+\sum_{n=1}^{\infty}[a_n\cos(n\omega_1 t)+b_n\sin(n\omega_1 t)], \tag{12-1}$$

其中，$\omega_1=\dfrac{2\pi}{T}$称为$f(t)$的基波频率；$n\omega_1$ 称为 n 次谐波；$a_0=\dfrac{1}{T}\int_0^T f(t)\mathrm{d}t$ 为 $f(t)$的直流分量；$a_n=\dfrac{2}{T}\int_0^T f(t)\cos(n\omega_1 t)\mathrm{d}t$、$b_n=\dfrac{2}{T}\int_0^T f(t)\sin(n\omega_1 t)\mathrm{d}t$ 分别为各余弦分量和正弦分量的幅度.

利用欧拉公式，上述展开结果可表示为指数级数展开.

指数级数展开：

$$f(t)=a_0+\sum_{n=-\infty}^{+\infty}\frac{A_n}{2}\mathrm{e}^{jn\omega_1 t}=\sum_{n=-\infty}^{+\infty}F_n\mathrm{e}^{jn\omega_1 t}(n\in\mathbf{Z}), \tag{12-2}$$

其中，$F_0=a_0$，$F_n=\dfrac{A_n}{2}$称为各指数函数的幅度.

(2) 利用 MATLAB 展开傅里叶级数

关于函数的傅里叶级数展开，MATLAB 未有直接的源程序命令调用，但可利用已掌握的结论并结合定积分调用命令，在 MATLAB 中对函数进行傅里叶级数展开.

下面将探究这个过程.

(1) 预备知识：int 命令调用方法

调用格式：`F = int(f, x, a, b)`.

功能说明：用于计算函数 $f(x)$的定积分，即$\int_a^b f(x)\mathrm{d}x$.

(2) MATLAB 程序编写

下面通过具体实例操作来介绍求解过程.

知识巩固

例 5　设函数 $f(x)$是周期为 2π 的函数，求其在$[-\pi, \pi)$上的解析式为 x^2 的傅里叶级数.

解　根据傅里叶展开公式(12-1)，由于周期为 2π，有

$$f(x)=\frac{a_0}{2}+\sum_{n=1}^{\infty}(a_n\cos nx+b_n\sin nx).$$

解题关键是得出傅里叶系数

$$a_0=\frac{1}{\pi}\int_{-\pi}^{\pi}f(x)\mathrm{d}x,\ a_n=\frac{1}{\pi}\int_{-\pi}^{\pi}f(x)\cos nx\,\mathrm{d}x,\ b_n=\frac{1}{\pi}\int_{-\pi}^{\pi}f(x)\sin nx\,\mathrm{d}x\,(n=1,\ 2,\ \cdots).$$

下面利用 MATLAB 中的 int 函数计算傅里叶系数.

代码如下：

```
syms x n;
f = x ^ 2;
a0 = int(f,x, - pi,pi)/pi;
an = int(f * cos(n * x),x, - pi,pi)/pi
bn = int(f * sin(n * x),x, - pi,pi)/pi
simple(an)              % 简化 an
```

输出结果如下：

```
a0 =
(2 * pi^2)/3
an =
(2 * (pi^2 * n^2 * sin(pi * n) - 2 * sin(pi * n) + 2 * pi * n * cos(pi * n)))/(pi *
n^3)
bn =
0
```

由此，可将函数展开为

$$f(x)=x^2=\frac{2\pi^2}{3}+\sum_{n=1}^{\infty}\frac{2[\pi^2n^2\sin(n\pi)-2\sin(n\pi)+2n\pi\cos(n\pi)]}{\pi n^3}\cos nx.$$

在上述代码最后一步，可加入 simple(an)命令，将系数 a_n 的形式进行简化，或自行进行简化运算后可得

$$f(x)=x^2=\frac{2\pi^2}{3}+4\sum_{n=1}^{\infty}\frac{(-1)^n}{n^2}\cos nx.$$

练习：设 $f(x)$是周期为 2π 的函数，其在一个周期$[-\pi,\ \pi)$上的函数关系为 $f(x)=x^3$，参考例题，利用 MATLAB 将该函数展开成傅里叶级数.

三、傅里叶变换

知识准备

1. 傅里叶变换的概念

当周期信号的周期 $T\to\infty$时，则得到非周期信号，为了之后更好地利用软件研究非周

期信号的频谱,需简单了解由傅里叶级数引出的傅里叶变换.

对于周期信号,有如下关系:

$$F_n=\frac{1}{T}\int_{-\frac{\pi}{2}}^{\frac{\pi}{2}} f(t)\mathrm{e}^{-jn\omega_1 t}\mathrm{d}t,\ f(t)=\sum_{n=-\infty}^{+\infty} F_n\mathrm{e}^{jn\omega_1 t}. \tag{12-3}$$

当 $T\to\infty$时,$\omega_1=\frac{2\pi}{T}\to 0$,因此可令 $\omega_1=\mathrm{d}\omega$, $n\omega_1=\omega$,得

$$F(\omega)=F_nT=\int_{-\infty}^{\infty} f(t)\mathrm{e}^{-j\omega t}\mathrm{d}t, \tag{12-4}$$

称其为该信号的**频谱密度函数**,简称频谱函数.式(12-4)表示的关系,在数学里称为傅里叶变换.

反过来,式(12-4)也可以表示为

$$f(t)=\frac{1}{2\pi}\int_{-\infty}^{+\infty} F(\omega)\mathrm{e}^{j\omega t}\mathrm{d}\omega. \tag{12-5}$$

式(12-5)表示的关系,称为傅里叶逆变换.

一般地,傅里叶变换和傅里叶逆变换可简记为

$$F(\omega)=\mathcal{F}[f(t)],\ f(t)=\mathcal{F}^{-1}[F(\omega)] \quad 或 \quad f(t)\leftrightarrow F(\omega).$$

在之后的 MATLAB 编程中,一般都默认使用上述符号(但用 w 替代 ω).

2. 利用 MATLAB 中的 fourier 命令进行傅里叶变换

调用格式:F = fourier(f, t, w).

参数解释:f——需变换的函数表达式;t——f 的自变量,可缺省;

w——返回函数 F 的自变量,可缺省.

知识巩固

例 6 利用 MATLAB 对函数 $f(t)=\frac{1}{t}$进行傅里叶变换 $F(\omega)$.

代码如下:

```
syms t w;
F = fourier(1/t, t, w)        % 计算 f(t) = 1/t 的傅里叶变换
```

输出结果如下:

```
F =
pi * (2 * heaviside( - w) - 1) * i       % heaviside(w)为阶跃函数 ε(ω)
```

即 $F=i\pi[1-2\varepsilon(\omega)]$.

知识准备

3. 利用 MATLAB 中的 ifourier 命令进行傅里叶逆变换

调用格式:f = ifourier(F, w, t).

参数解释:F——需变换的函数表达式;t——F 的自变量,可缺省;

w——返回函数 F 的自变量,可缺省.

知识巩固

例 7　利用 MATLAB 对函数 $F(j\omega)=\frac{1}{1+\omega^2}$进行傅里叶变换 $f(t)$.

代码如下:

```
syms t w;
F = 1/(1 + w^2);
f = ifourier(F, w, t);
ezplot(f)      % 画出 f 图像
```

输出结果如下:

```
f =
(pi * exp( - t) * heaviside(t)  +  pi * heaviside( - t) * exp(t))/(2 * pi)
```

即 $f(t)=\frac{1}{2}e^{-t}\varepsilon(t)+\frac{1}{2}e^{-t}\varepsilon(-t)=\frac{1}{2}e^{t}$,其图形如图 12-1 所示.

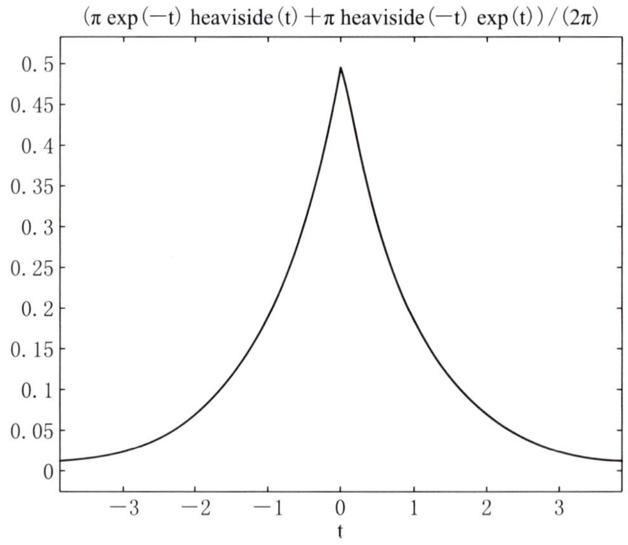

图 12-1

技能训练

1. 利用 MATLAB 验证: $\sum_{k=1}^{\infty}\frac{1}{k^2}=\frac{\pi^2}{6}$.

2. 利用 MATLAB 验证：

$$x^2=\frac{4}{3}+\frac{16}{\pi^2}\left[-\cos\frac{\pi}{2}x+\frac{1}{2^2}\cos\frac{2\pi}{2}x-\frac{1}{3^2}\cos\frac{3\pi}{2}x+\cdots+(-1)^n\frac{1}{n^2}\cos\frac{n\pi}{2}x+\cdots\right],$$

$x\in[-2,2]$.

3. 求单边指数函数 $f(t)=e^{-2t}\varepsilon(t)$的傅里叶变换，画出其幅频特性和相频特性图(提示：利用 ezplot 命令画图).

第二节　利用 MATLAB 进行拉普拉斯变换

知识引入

在连续信号的学习及信号的稳定性的探究中，常常需借助拉普拉斯变换来研究一些复杂系统的动态响应或系统性能、求激励信号的象函数或将象函数变换为时间函数.下面将联系信号领域概念来回顾拉普拉斯变换相关知识，并利用 MATLAB 解决拉普拉斯变换表以外的更复杂形式.

知识准备

一、知识回顾

信号 $f(t)$的双边拉普拉斯变换：

$$\mathcal{L}[f(t)]=F(s)=\int_{-\infty}^{+\infty}f(t)e^{-st}\,dt.$$

信号 $f(t)$的单边拉普拉斯变换：

$$\mathcal{L}[f(t)]=F(s)=\int_{0}^{+\infty}f(t)e^{-st}\,dt.$$

$f(t)$称为 $F(s)$的**拉普拉斯逆变换**，记为 $\mathcal{L}^{-1}[F(s)]$；也可简记为 $f(t)\leftrightarrow F(s)$.
后面在学习 MATLAB 软件时，默认上述符号表述.

二、部分分式展开

1. 可化为有理分式的象函数的拉普拉斯逆变换

对于线性系统而言，若信号函数 $f(t)$的象函数 $F(s)$一般可化为下列的有理分式形式：

$$F(s)=\frac{N(s)}{D(s)}=\frac{b_m s^m+b_{m-1}s^{m-1}+\cdots+b_1 s+b_0}{a_n s^n+a_{n-1}s^{n-1}+\cdots+a_1 s+a_0}, \quad m, n\in \mathbf{N}^*.$$

若 $m<n$，则称为**有理真分式**.这样的象函数，可利用部分分式展开法将其表示为简单分式之和的形式，进一步地，该简单分式项的逆变换可以在拉普拉斯变换表中找到，这就简化了计算的难度.

三种情况下的具体展开形式如下.

(1) $D(s)=0$ 的所有根均为实根：$s_1, s_2, \cdots, s_n$，

$$F(s)=\frac{K_1}{s-s_1}+\frac{K_2}{s-s_2}+\cdots\frac{K_n}{s-s_n};$$

(2) $D(s)=0$ 有一对共轭复根：$s_1=\alpha+j\omega$、$s_2=\alpha-j\omega$，

$$F(s)=\frac{K_1}{s-s_1}+\frac{K_2}{s-s_2};$$

(3) $D(s)=0$ 有仅含有 r 重根：$s=s_1$，

$$F(s)=\frac{K_{11}}{(s-s_1)^r}+\frac{K_{12}}{(s-s_1)^{r-1}}+\cdots+\frac{K_{1r}}{(s-s_1)}, \tag{12-6}$$

其中，$K_{1n}=\dfrac{1}{(n-1)!}\times\dfrac{\mathrm{d}^{n-1}}{\mathrm{d}s^{n-1}}[(s-s_1)^m F(s)]\Big|_{s=s_1} \quad (n=1, 2, 3, \cdots, m)$.

上式中的各项分子(如 K_1、K_2)称为**留数**.

如何将指定象函数进行部分分式展开，并得出其拉普拉斯逆变换？下面通过实例来具体阐述.

知识巩固

例 1 设有象函数

$$F(s)=\frac{3s+8}{(s+2)^2},$$

利用部分分式展开法，求其原函数 $f(t)$.

解 根据观察，象函数的分母具仅有二重根，因此，利用式(12-6)可知

$$K_{11}=2, K_{12}=3,$$

即

$$F(s)=\frac{2}{(s+2)^2}+\frac{3}{s+2}.$$

根据拉普拉斯变换的线性性质及拉普拉斯变换表可知，其原函数(即逆变换)为 $f(t)$

$=(2t+3)e^{-2t}(t\geqslant 0)$.

知识准备

2. 利用 MATLAB 中的 residue 命令进行部分分式展开

调用格式:[r p k] = residue(b, a).

参数解释:b——分子的系数矩阵; a——分母的系数矩阵;

r——开展后的留数; p——展开后的极点;

k——展开后的单独项.

知识巩固

下面通过例 2,利用 MATLAB 中的 residue 命令对上述特殊的象函数进行部分分式展开.

例 2 用 MATLAB 实现如下函数的部分分式展开:

$$F(s)=\frac{B(s)}{A(s)}=\frac{2s^3+5s^2+3s+6}{s^3+6s^2+11s+6}.$$

代码如下:

```
b = [2 5 3 6];              % 分子的降次系数矩阵
a = [1 6 11 6];             % 分母的降次系数矩阵
[r p k] = residue(b, a)
```

输出结果如下:

```
r =
    - 6.0000
    - 4.0000
      3.0000
p =
    - 3.0000
    - 2.0000
    - 1.0000
k =
      2
```

根据输出结果,该函数的部分分式展开结果为

$$F(s)=\frac{-6}{s+3}+\frac{-4}{s+2}+\frac{3}{s+1}+2.$$

练习：用 MATLAB 实现如下函数的部分分式展开：

$$F(s)=\frac{2s+1}{s^3+2s^2+5s}.$$

三、拉普拉斯变换及其逆变换

知识准备

1. laplace 命令与拉普拉斯变换

调用格式：F = laplace(f, t, s).

参数解释：F——时域函数 f(t)的拉普拉斯变换；

t——f 是 t 的函数，若省略，则返回结果默认变量为“t”；

s——F 是 s 的函数，若省略，则返回结果默认变量为“s”.

知识巩固

例 3 用 MATLAB 求如下函数的拉氏变换：

$$f(t)=e^{-t}\cos(at).$$

代码如下：

```
syms t a          % 指定 t 和 a 为符号变量
f = exp( - t) * cos(a * t);
F = laplace(f)    % 计算 f 的拉氏变换，默认变量分别为 t 和 s
```

输出结果如下：

```
F =
(s + 1)/((s + 1)^2 + a^2)
```

根据输出结果，该函数的拉氏变换为

$$F(s)=\frac{s+1}{(s+1)^2+a^2}.$$

练习：用 MATLAB 求函数 $f(t)=\sin(at)$的拉氏变换.

知识准备

2. ilaplace 命令与拉普拉斯逆变换

调用格式：f = ilaplace(F, s, t).

参数解释：F——时域函数 f(t)的拉普拉斯变换；

t——f 是 t 的函数,若省略,则返回结果默认变量为“t”;

s——F 是 s 的函数,若省略,则返回结果默认变量为“s”.

知识巩固

例 4 用 MATLAB 求如下函数的拉氏逆变换:

$$F(s)=\frac{2s+1}{s^2+7s+10}.$$

代码如下:

```
syms s      % 指定 s 为符号变量
F = (2 * s + 1)/(s^2 + 7 * s + 10);
f = ilaplace(F)            % 计算 F 的拉氏逆变换,默认变量分别为 s 和 t
```

输出结果如下:

```
f =
3 * exp( - 5 * t) - exp( - 2 * t)
```

根据输出结果,该函数的拉氏逆变换为

$$f(t)=(3e^{-5}t-e^{-2t}).$$

在例 2 中,可以对分式进行展开,这时若分式展开的多项式已知,那么如何调用 ilaplace 命令得出拉普拉斯逆变换呢?

例 5 函数的展开式为 $F(s)=\frac{-6}{s+3}+\frac{-4}{s+2}+\frac{3}{s+1}+2$,求对应的拉普拉斯逆变换.

代码如下:

```
syms s t;
>> F = - 6/(s + 3) - 4/(s + 2) + 3/(s + 1) + 2;
>> f = ilaplace(F)
```

输出结果如下:

```
f =
3 * exp( - t) - 4 * exp( - 2 * t) - 6 * exp( - 3 * t) + 2 * dirac(t)   % dirac(t)
```

为 $\delta(t)$

即 $f(t)=3e^{-t}-4e^{-2t}-6e^{-3t}+2\delta(t)$.

练习:利用 MATLAB 求 $F(s)=\frac{1}{s+a}$ 的拉氏逆变换.

知识准备

3. 动态响应绘图

调用格式:step(b, a).

参数解释:a——系统函数分母多项式系数;

B——系统函数分子多项式系数.

知识巩固

例 6 某导弹系统函数如下

$$H(s)=\frac{34.5s^2+119.7s+98.1}{s^3+35.714s^2+119.741s+98.1},$$

试绘制其阶跃响应 $s(t)$ 的图形.

代码如下:

```
b = [34.5 119.7 98.1];
a = [1 35.714 119.741 98.1];
step(b, a)
```

绘制的阶跃响应 $s(t)$ 的图形如图 12-2 所示.

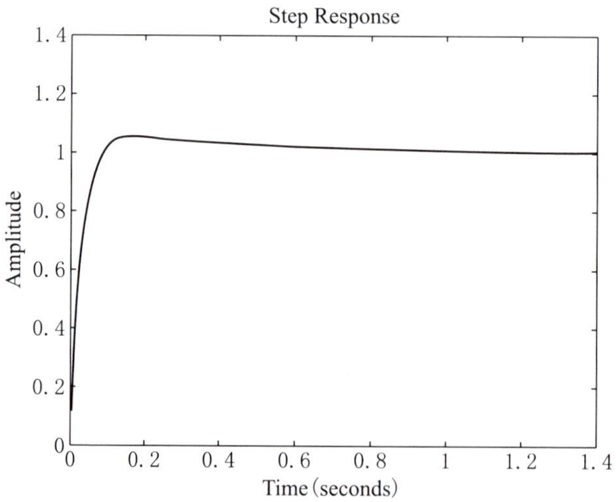

图 12-2

技能训练

1. 用部分分式展开法求函数 $F(s)=\dfrac{s+1}{s^2+5s+6}$ 的拉氏逆变换.

2. 求单位阶跃函数 $u(t)=\begin{cases}0, & t<0,\\ 1, & t\geqslant 0\end{cases}$ 的拉氏变换.

3. 求 $\delta(t)$ 函数的拉氏变换[注：$\delta(t)$ 函数在 MATLAB 中表示为：Dirac(t)].

4. 求函数 $f(t)=2-\mathrm{e}^{-t}$ 的拉氏变换.

5. 求下列函数的拉氏逆变换.

(1) $F(p)=\dfrac{1}{p+3}$;　　(2) $F(p)=\dfrac{1}{(p-2)^2}$.

第三节　LTI 系统稳定性模型

任务提出

1. 资料阅读——线性系统

(1) 信号系统函数

一般地，在研究信号与系统时，常常需探究系统函数 $H(s)$，系统函数是联系信号输入和响应的纽带.在线性系统 $H(s)=\dfrac{N(s)}{D(s)}$ 中，其分母多项式 $D(s)=0$ 的根称为**系统函数的极点**，分子多项式 $N(s)=0$ 的根称为**系统函数的零点**.信号系统函数 $H(s)=\dfrac{N(s)}{D(s)}$ 的拉氏逆变换记为 $h(t)$，即 $h(t)=\mathcal{L}^{-1}[H(s)]$.

(2) 稳定性

当某信号系统受到某种干扰信号作用时，其所引起的系统响应在干扰消失后会逐渐消失，也就是说系统能回到干扰前的原状态，这样的系统是稳定的；否则是不稳定的.稳定性是系统本身的属性，与输入信号无关.

任何系统若要能对输入信号进行处理，则必须是稳定的.因此，判断系统的稳定性十分重要.

根据 $H(s)$ 的极点分布，可将系统稳定性总结如下.

① 稳定：若 $H(s)$ 的全部极点位于 s 的左半平面，则系统是稳定的；当二阶系统的分母多项式系数均为正实数，则系统是稳定的；

② 临界稳定：若 $H(s)$的虚轴上有 $s=0$ 的单极点或一对共轭单极点，其余极点全在 s 左半平面，则系统是临界稳定的；

③ 不稳定：$H(s)$只要有一个极点位于 s 右半平面，或在虚轴上有二阶或二阶以上的重极点，则系统是不稳定的；

④ 对于三阶系统，若 $H(s)$的分母 $D(s)=a_3s^3+a_2s^2+a_1s+a_0$ 各项系数全为正，且 $a_1a_2>a_0a_3$，则系统是稳定的.

(3) LTI 系统的零状态响应与阶跃响应

LTI 系统的零状态响应：

$$y_{zs}(t)=f(t)*h(t),$$

其中 $h(t)=\mathcal{L}^{-1}[H(s)]$.

两边同时取拉氏变换得

$$Y_{zs}(s)=F(s)H(s),$$

即

$$H(s)=\frac{Y_{zs}(s)}{F(s)}.$$

阶跃响应 $s(t)$定义为：系统在单位阶跃信号 $u(t)$的激励下产生的零状态响应，即

$$s(t)=\mathcal{L}^{-1}\left[\frac{1}{s}H(t)\right].$$

2. 问题提出

信号与系统中的线性时变系统(linear time-varying systems)，简称 LTI 系统，其保持线性性质、时不变性、微分特性及因果性.现有一单输入-单输出的 LTI 系统，其输入信号 $f(t)$和输出信号 $y(t)$之间的关系可以由下述二阶常系数线性微分方程来描述：

$$f(t)y''(t)+3y'(t)+2y(t)=2f'(t)+5f'(t).$$

信号在传输过程中会受到各种干扰.

请尝试解决下列问题：

(1) 对信号系统的微分方程求拉普拉斯变换，得出系统函数；

(2) 对系统函数进行部分分式展开；

(3) 根据系统函数的分母多项式，判断导弹系统的稳定性；

(4) 求系统函数的阶跃响应.

技能学习

1. 模型假设

(1) 令输出信号 $y(t)$在时刻 $t=0$ 为初始状态，且 $y^{(n)}(t)=0$；

(2) $f(t)$为因果信号.

2. 模型建立

(1) LTI 系统函数建立

已知

$$y''(t)+3y'(t)+2y(t)=2f'(t)+5f(t),$$

两边取拉氏变换并运用微分性质得

$$(s^2+3s+2)Y_{zs}(s)=(2s+5)F(s),$$

从而得系统函数

$$H(s)=\frac{Y_{zs}(s)}{F(s)}=\frac{2s+5}{s^2+3s+2}.$$

由系统函数形式可知,其是系统零状态响应的象函数与输入信号的象函数之比,是一个有理函数.

(2) 系统函数稳定性判定

根据系统函数稳定性判定方法,该 LTI 系统函数为二阶,且其分母系数均为正实数,因此该系统为具备稳定性.

(3) 系统函数的阶跃响应

由 $s(t)=\mathcal{L}^{-1}\left[\frac{1}{s}H(t)\right]$可知,

$$s(t)=\mathcal{L}^{-1}\left[\frac{2s+5}{s^3+3s^2+2s}\right].$$

任务完成

1. 利用数学软件 MATLAB 将本任务模型中求得的系统函数进行部分分式展开,并求得其阶跃响应及阶跃响应绘图.

2. 完成数学建模实践小论文

小组合作完成“LTI 系统稳定性问题”数学建模实践小论文.

拓展阅读

数学家的故事

——李善兰

附录　概率分布表

1. 标准正态分布表

$$\Phi(x)=\frac{1}{\sqrt{2\pi}}\int_{-\infty}^{x}\mathrm{e}^{-\frac{t^2}{2}}\mathrm{d}t$$

x	0	0.01	0.02	0.03	0.04	0.05	0.06	0.07	0.08	0.09
0	0.500 0	0.504 0	0.508 0	0.512 0	0.516 0	0.519 9	0.523 9	0.527 9	0.531 9	0.535 9
0.1	0.539 8	0.543 8	0.547 8	0.551 7	0.555 7	0.559 6	0.563 6	0.567 5	0.571 4	0.575 3
0.2	0.579 3	0.583 2	0.587 1	0.591 0	0.594 8	0.598 7	0.602 6	0.606 4	0.610 3	0.614 1
0.3	0.617 9	0.621 7	0.625 5	0.629 3	0.633 1	0.636 8	0.640 4	0.644 3	0.648 0	0.651 7
0.4	0.655 4	0.659 1	0.662 8	0.666 4	0.670 0	0.673 6	0.677 2	0.680 8	0.684 4	0.687 9
0.5	0.691 5	0.695 0	0.698 5	0.701 9	0.705 4	0.708 8	0.712 3	0.715 7	0.719 0	0.722 4
0.6	0.725 7	0.729 1	0.732 4	0.735 7	0.738 9	0.742 2	0.745 4	0.748 6	0.751 7	0.754 9
0.7	0.758 0	0.761 1	0.764 2	0.767 3	0.770 3	0.773 4	0.776 4	0.779 4	0.782 3	0.785 2
0.8	0.788 1	0.791 0	0.793 9	0.796 7	0.799 5	0.802 3	0.805 1	0.807 8	0.810 6	0.813 3
0.9	0.815 9	0.818 6	0.821 2	0.823 8	0.826 4	0.828 9	0.835 5	0.834 0	0.836 5	0.838 9
1	0.841 3	0.843 8	0.846 1	0.848 5	0.850 8	0.853 1	0.855 4	0.857 7	0.859 9	0.862 1
1.1	0.864 3	0.866 5	0.868 6	0.870 8	0.872 9	0.874 9	0.877 0	0.879 0	0.881 0	0.883 0
1.2	0.884 9	0.886 9	0.888 8	0.890 7	0.892 5	0.894 4	0.896 2	0.898 0	0.899 7	0.901 5
1.3	0.903 2	0.904 9	0.906 6	0.908 2	0.909 9	0.911 5	0.913 1	0.914 7	0.916 2	0.917 7
1.4	0.919 2	0.920 7	0.922 2	0.923 6	0.925 1	0.926 5	0.927 9	0.929 2	0.930 6	0.931 9
1.5	0.933 2	0.934 5	0.935 7	0.937 0	0.938 2	0.939 4	0.940 6	0.941 8	0.943 0	0.944 1
1.6	0.945 2	0.946 3	0.947 4	0.948 4	0.949 5	0.950 5	0.951 5	0.952 5	0.953 5	0.953 5
1.7	0.955 4	0.956 4	0.957 3	0.958 2	0.959 1	0.959 9	0.960 8	0.961 6	0.962 5	0.963 3
1.8	0.964 1	0.964 8	0.965 6	0.966 4	0.967 2	0.967 8	0.968 6	0.969 3	0.970 0	0.970 6
1.9	0.971 3	0.971 9	0.972 6	0.973 2	0.973 8	0.974 4	0.975 0	0.975 6	0.976 2	0.976 7
2	0.977 2	0.977 8	0.978 3	0.978 8	0.979 3	0.979 8	0.980 3	0.980 8	0.981 2	0.981 7
2.1	0.982 1	0.982 6	0.983 0	0.983 4	0.983 8	0.984 2	0.984 6	0.985 0	0.985 4	0.985 7
2.2	0.986 1	0.986 4	0.986 8	0.987 1	0.987 4	0.987 8	0.988 1	0.988 4	0.988 7	0.989 0
2.3	0.989 3	0.989 6	0.989 8	0.990 1	0.990 4	0.990 6	0.990 9	0.991 1	0.991 3	0.991 6
2.4	0.991 8	0.992 0	0.992 2	0.992 5	0.992 7	0.992 9	0.993 1	0.993 2	0.993 4	0.993 6
2.5	0.993 8	0.994 0	0.994 1	0.994 3	0.994 5	0.994 6	0.994 8	0.994 9	0.995 1	0.995 2
2.6	0.995 3	0.995 5	0.995 6	0.995 7	0.995 9	0.996 0	0.996 1	0.996 2	0.996 3	0.996 4
2.7	0.996 5	0.996 6	0.996 7	0.996 8	0.996 9	0.997 0	0.997 1	0.997 2	0.997 3	0.997 4
2.8	0.997 4	0.997 5	0.997 6	0.997 7	0.997 7	0.997 8	0.997 9	0.997 9	0.998 0	0.998 1
2.9	0.998 1	0.998 2	0.998 2	0.998 3	0.998 4	0.998 4	0.998 5	0.998 5	0.998 6	0.998 6
3	0.998 7	0.999 0	0.999 3	0.999 5	0.999 7	0.999 8	0.999 8	0.999 9	0.999 9	1.000 0

2. 泊松分布表

$$1-F(x-1)=\sum_{k=x}^{\infty}\frac{\lambda^{k}}{k!}e^{-\lambda}$$

x	$\lambda=0.2$	$\lambda=0.3$	$\lambda=0.4$	$\lambda=0.5$	$\lambda=0.6$
0	1.000 000 0	1.000 000 0	1.000 000 0	1.000 000 0	1.000 000 0
1	0.181 269 2	0.259 181 8	0.329 680 0	0.323 469	0.451 188
2	0.017 523 1	0.036 936 3	0.061 551 9	0.090 204	0.121 901
3	0.001 148 5	0.003 599 5	0.007 926 3	0.014 388	0.023 115
4	0.000 056 8	0.000 265 8	0.000 776 3	0.001 752	0.003 358
5	0.000 002 3	0.000 015 8	0.000 061 2	0.000 172	0.000 394
6	0.000 000 1	0.000 000 8	0.000 004 0	0.000 014	0.000 039
7			0.000 000 2	0.000 000 1	0.000 000 3

x	$\lambda=0.7$	$\lambda=0.8$	$\lambda=0.9$	$\lambda=1.0$	$\lambda=1.2$
0	1.000 000 0	1.000 000 0	1.000 000 0	1.000 000 0	1.000 000 0
1	0.503 415	0.550 671	0.593 430	0.632 121	0.698 806
2	0.155 805	0.191 208	0.227 518	0.264 241	0.337 373
3	0.034 142	0.047 423	0.062 857	0.080 301	0.120 513
4	0.005 753	0.009 080	0.013 459	0.018 988	0.033 769
5	0.000 786	0.001 411	0.002 344	0.003 660	0.007 746
6	0.000 090	0.000 184	0.000 343	0.000 594	0.001 500
7	0.000 009	0.000 021	0.000 043	0.000 083	0.000 251
8	0.000 001	0.000 002	0.000 005	0.000 010	0.000 037
9				0.000 001	0.000 005
10					0.000 001

x	$\lambda=1.4$	$\lambda=1.6$	$\lambda=1.8$	$\lambda=2.0$	
0	1.000 000	1.000 000	1.000 000	1.000 000	
1	0.753 403	0.798 103	0.834 701	0.864 665	
2	0.408 167	0.475 069	0.537 163	0.593 994	
3	0.166 502	0.216 642	0.269 379	0.323 323	
4	0.053 725	0.078 813	0.108 708	0.142 876	
5	0.014 253	0.023 682	0.036 407	0.052 652	
6	0.003 201	0.006 040	0.010 378	0.016 563	
7	0.000 622	0.001 336	0.002 569	0.004 533	
8	0.000 107	0.000 260	0.000 562	0.001 096	
9	0.000 016	0.000 045	0.000 110	0.000 237	
10	0.000 002	0.000 007	0.000 019	0.000 046	
11		0.000 001	0.000 003	0.000 008	
12				0.000 001	

续 表

x	$\lambda=2.5$	$\lambda=3.0$	$\lambda=3.5$	$\lambda=4.0$	$\lambda=4.5$	$\lambda=5.0$
0	1.000 000	1.000 000	1.000 000	1.000 000	1.000 000	1.000 000
1	0.917 915	0.950 213	0.969 803	0.981 684	0.988 891	0.993 262
2	0.712 703	0.800 852	0.864 112	0.908 422	0.938 901	0.959 572
3	0.456 187	0.576 810	0.679 153	0.761 897	0.826 422	0.875 348
4	0.242 424	0.352 768	0.463 367	0.566 530	0.657 704	0.734 974
5	0.108 822	0.184 737	0.274 555	0.371 163	0.467 896	0.559 507
6	0.042 021	0.083 918	0.142 386	0.214 870	0.297 070	0.384 039
7	0.014 187	0.033 509	0.065 288	0.110 674	0.168 949	0.237 817
8	0.004 247	0.011 905	0.026 739	0.051 134	0.086 586	0.133 372
9	0.001 140	0.003 803	0.009 874	0.021 363	0.040 257	0.068 094
10	0.000 277	0.001 102	0.003 315	0.008 132	0.017 093	0.031 828
11	0.000 062	0.000 292	0.001 019	0.002 840	0.006 669	0.013 695
12	0.000 013	0.000 071	0.000 289	0.000 915	0.002 404	0.005 453
13	0.000 002	0.000 016	0.000 076	0.000 274	0.000 805	0.002 019
14		0.000 003	0.000 019	0.000 076	0.000 252	0.000 698
15		0.000 001	0.000 004	0.000 020	0.000 074	0.000 226
16			0.000 001	0.000 005	0.000 020	0.000 069
17				0.000 001	0.000 005	0.000 020
18					0.000 001	0.000 005
19						0.000 001

参考文献

[1] 侯风波.工程数学[M]. 4 版.北京:高等教育出版社,2020.

[2] 胡良剑,孙晓君.MATLAB 数学实验[M]. 3 版.北京:高等教育出版社,2020.

[3] 盛骤,谢式千,潘承毅.概率论与数理统计[M]. 5 版.北京:高等教育出版社,2019.

[4] 陈翠,朱怀朝,胡桂荣.高等数学(经济管理类专业适用)[M]. 2 版.北京:高等教育出版社,2017.

[5] 郭文艳.线性代数应用案例分析[M].北京:科学出版社,2019.

[6] 孙云龙,唐小英.经济模型与 MATLAB 应用[M].成都:西南财经大学出版社,2016.

[7] 杨德平,刘喜华,孙海涛.经济预测方法及 MATLAB 实现[M].北京:机械工业出版社,2012.

[8] 同济大学数学系.工程数学(线性代数)[M]. 6 版.北京:高等教育出版社,2014.

[9] 李广全,林漪,胡桂荣.高等数学(工科类专业适用)[M]. 2 版.北京:高等教育出版社,2017.